METODOLOGIA
DO ENSINO DE

Matemática
Física

Os livros que compõem esta coleção trazem uma abordagem do ensino de Matemática e Física que objetivam a atualização de estudantes e professores, tendo em vista a realização de uma prática pedagógica de qualidade. Apoiando-se nos estudos mais recentes nessas áreas, a intenção é promover reflexões fundamentais para a formação do profissional da educação, em que a pesquisa tem papel essencial. Além de consistência teórica, as obras têm como princípio norteador a necessidade de a escola trabalhar com a aproximação entre os conceitos científicos ensinados e a realidade do aluno.

Didática e Avaliação: Algumas Perspectivas da Educação Matemática

Didática e Avaliação em Física

Professor-Pesquisador em Educação Matemática

Professor-Pesquisador no Ensino de Física

Tópicos de História da Física e da Matemática

Jogos e Modelagem na Educação Matemática

Tópicos Especiais no Ensino de Matemática: Tecnologias e Tratamento da Informação

Física Moderna: Teorias e Fenômenos

Flávia Dias Ribeiro

inter
saberes

Jogos e Modelagem
na Educação Matemática

inter saberes

Rua Clara Vendramin, 58 . Mossunguê
Cep 81200-170 . Curitiba . PR . Brasil
Fone: (41) 2106-4170
www.intersaberes.com
editora@intersaberes.com

Conselho editorial
Dr. Alexandre Coutinho Pagliarini
Drª Elena Godoy
Dr. Neri dos Santos
Dr. Ulf Gregor Baranow

Editora-chefe
Lindsay Azambuja

Gerente editorial
Ariadne Nunes Wenger

Assistente editorial
Daniela Viroli Pereira Pinto

Análise de informação
Silvia Kasprzak

Revisão de texto
Monique Gonçalves

Capa
Denis Kaio Tanaami

Projeto gráfico
Bruno Palma e Silva

Diagramação
Katiane Cabral

Iconografia
Danielle Scholtz

Dados Internacionais de Catalogação na Publicação (CIP)
(Câmara Brasileira do Livro, SP, Brasil)

Ribeiro, Flávia Dias
    Jogos e modelagem na educação matemática/Flávia Dias
Ribeiro. 1. ed. Curitiba: InterSaberes, 2012. (Coleção Metodologia
do Ensino de Matemática e Física; v. 6)

    Bibliografia.
    ISBN 978-85-8212-277-8

    1. Jogos no ensino de matemática 2. Matemática – Estudo e
ensino 3. Modelos matemáticos 4. Prática de ensino I. Título II. Série.

12-08697   CDD-510.7

    Índices para catálogo sistemático:
1. Educação matemáticas: Jogos e modelagem 510.7

Foi feito o depósito legal.

1ª edição, 2012

Informamos que é de inteira responsabilidade da autora a emissão de conceitos.

Nenhuma parte desta publicação poderá ser reproduzida por qualquer meio ou forma sem a prévia autorização da Editora InterSaberes.

A violação dos direitos autorais é crime estabelecido na Lei n. 9.610/1998 e punido pelo art. 184 do Código Penal.

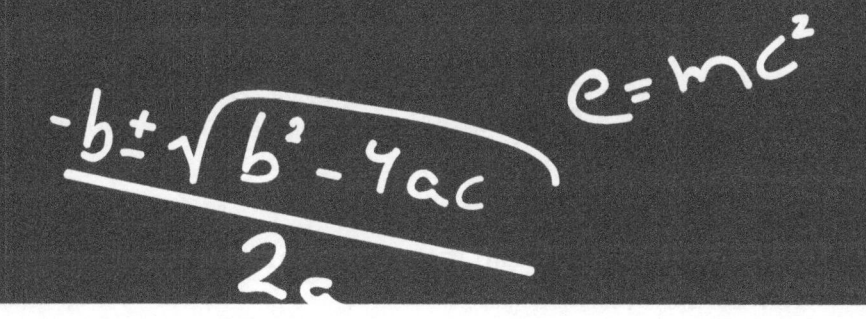

Sumário

Apresentação, 7
Introdução, 11

Jogos na educação matemática, 13

1.1 Os jogos no contexto educativo, 16
1.2 Os jogos como atividades de resolução de problemas, 18
1.3 Jogos matemáticos: criatividade e autonomia, 21
1.4 Jogos de regras no contexto das aulas de matemática, 23
Síntese, 26
Indicações culturais, 27
Atividades de Autoavaliação, 28
Atividades de Aprendizagem, 30

Vivenciando e avaliando atividades com jogos, 33

2.1 O professor como elaborador de atividades de jogo nas aulas de matemática, 36
2.2 O aluno como elaborador de atividades de jogo nas aulas de matemática, 45
Síntese, 50

Indicações culturais, 51
Atividades de Autoavaliação, 51
Atividades de Aprendizagem, 54

Modelagem na educação matemática, 57

3.1 O ensino por meio de projetos, 60
3.2 Modelagem matemática no processo de ensino-aprendizagem, 63
3.3 A estrutura de um projeto de modelagem matemática, 65

Síntese, 69
Indicações culturais, 70
Atividades de Autoavaliação, 70
Atividades de Aprendizagem, 73

Vivenciando e avaliando experiências de modelagem matemática, 75

4.1 "Embalagens" como tema gerador de um projeto de modelagem matemática, 78
4.2 "Produção de cenouras" como tema gerador de um projeto de modelagem matemática, 87

Síntese, 93
Indicações culturais, 94
Atividades de Autoavaliação, 94
Atividades de Aprendizagem, 96

Considerações finais, 99
Glossário, 101
Referências, 103
Bibliografia comentada, 109
Gabarito, 113
Nota sobre a autora, 117

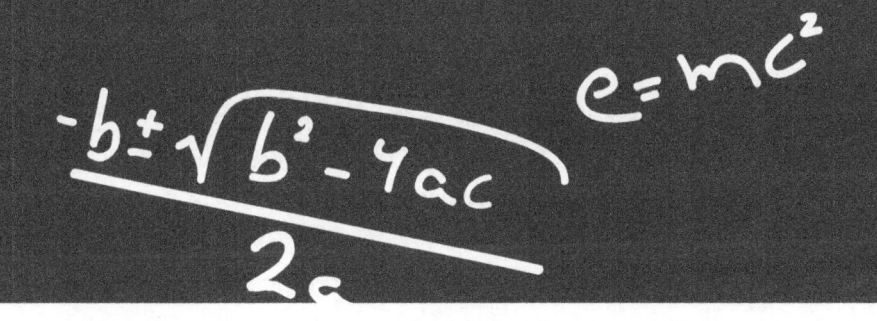

Apresentação

O presente livro tem como propósito central subsidiar o estudo e/ou o aprofundamento de duas tendências no campo da educação matemática amplamente discutidas atualmente e, por esse motivo, contempladas no âmbito da disciplina tópicos especiais em educação matemática: jogos e modelagem do curso de Especialização em Metodologia de Ensino de matemática e Física, modalidade de Educação a Distância, do Centro Universitário Uninter.

Além de sua função como livro-texto para o desenvolvimento da disciplina, o presente material apresenta-se, também, como interessante fonte para formação inicial e continuada de professores de matemática, pois abrange discussões de caráter teórico, prático e reflexivo sobre a incorporação dessas duas tendências nos processos de ensino, aprendizagem e avaliação em matemática.

Jogos e modelagem na educação matemática procura apresentar aspectos importantes relacionados a essas duas tendências no campo da educação matemática, apontando, de um lado, análises teóricas e reflexões sobre essas temáticas e, de outro, propostas de abordagens práticas dessas temáticas no contexto educativo de professores que ensinam matemática no ensino fundamental e/ou médio.

O livro encontra-se dividido igualmente em duas grandes partes, cada uma delas destinada ao estudo de uma das temáticas contempladas: os jogos e a modelagem matemática. Cada uma das partes está organizada em dois capítulos, sendo o primeiro dedicado às análises teóricas e reflexões e a segunda parte voltada às discussões acerca de situações práticas e aos exemplos de propostas pedagógicas relacionados à cada uma das temáticas.

O primeiro capítulo, *Jogos na educação matemática*, aborda as contribuições de diferentes autores sobre o uso de jogos no contexto educativo e, em especial, no contexto das aulas de matemática.

O segundo capítulo, *Vivenciando e avaliando atividades com jogos*, é dedicado ao estudo de possibilidades de trabalho com utilização de jogos nas aulas de matemática, discutindo o potencial de elaboração de jogos por alunos e professores. No tratamento dessas possibilidades, são discutidos alguns modos de intervenção pedagógica e estratégias de avaliação, com ênfase na utilização de instrumentos avaliativos ainda pouco explorados nas práticas de ensino de matemática.

O terceiro capítulo, *Modelagem na educação matemática*, inicia o estudo dessa outra temática, apontando reflexões e questões teóricas sobre o ensino por projetos e a organização de projetos de modelagem matemática, contemplando orientações de diferentes autores que vêm se dedicando ao trabalho com a modelagem.

O quarto e último capítulo, *Vivenciando e avaliando experiências de modelagem matemática*, apresenta a discussão de duas propostas de modelagem subsidiadas pelas discussões do capítulo anterior, procurando explorar e delinear cada uma das etapas do processo. No contexto desse capítulo, algumas possibilidades avaliativas também são contempladas, na mesma perspectiva do enfoque proposto no capítulo sobre jogos nas aulas de matemática.

No tratamento e na organização propostos em cada um dos capítulos, a ideia central que se apresenta é a de fomentar a produção de novos saberes docentes de professores que ensinam matemática ou mesmo a ressignificação de saberes já constituídos, na medida em que conhecimentos teóricos e práticos sobre jogos e modelagem são intimamente relacionados à proposição de atividades de ensino, aprendizagem e avaliação.

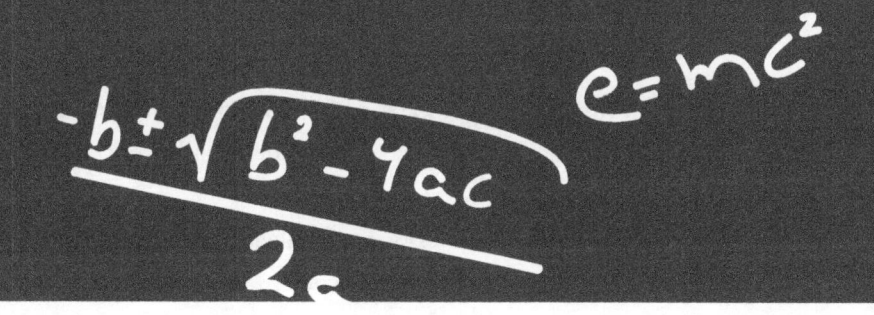

Introdução

Entre diferentes possibilidades metodológicas para o ensino de matemática, apontadas e discutidas por diferentes autores e obras dedicadas às tendências em educação matemática, os jogos e a modelagem vêm se configurando como caminhos altamente significativos para as aulas de matemática.

Com relação aos jogos nas aulas de matemática, destaca-se sua relevância, centralmente, devido à sua potencialidade para o desenvolvimento do pensar matemático, da criatividade e da autonomia dos educandos. Já com relação à modelagem, ressalta-se sua importância, centralmente, em função de seu caráter de atividade de formulação e resolução de problemas para o desenvolvimento de ideias e conceitos matemáticos.

Nesse contexto, o papel do professor e a qualidade pedagógica das atividades propostas aparecem como elementos fundamentais para a constituição de experiências significativas de ensino e aprendizagem em matemática. Isso conduz à ideia de que nem todo jogo configura-se como uma atividade de ensino significativa para as aulas de matemática, denotando a importância do aprofundamento teórico acerca de propostas que envolvam jogos matemáticos e, ainda, ampliando a importância das intervenções pedagógicas do professor no processo de ensinar e aprender pela via dos jogos. O mesmo pode ser apontado em relação às atividades ancoradas na modelagem matemática, no sentido de que o conhecimento profundo do professor acerca do desenvolvimento de um projeto de modelagem apresenta-se como um aspecto a ser destacado para o sucesso dessa atividade como uma possibilidade metodológica no ensino de matemática.

Desse modo, para a utilização do livro no desenvolvimento da disciplina, é fundamental destacar a importância da realização de todas as atividades previstas e do estudo do material como um todo, num movimento permanente de relação com sua própria prática de ensino de matemática, como ponto de partida para a produção de novos saberes docentes, coerentes com as atuais tendências em educação matemática. Nesse sentido, em diferentes momentos no decorrer do estudo do material, você será convidado a refletir sobre sua própria prática por meio de registros reflexivos de suas experiências como professor(a) de matemática.

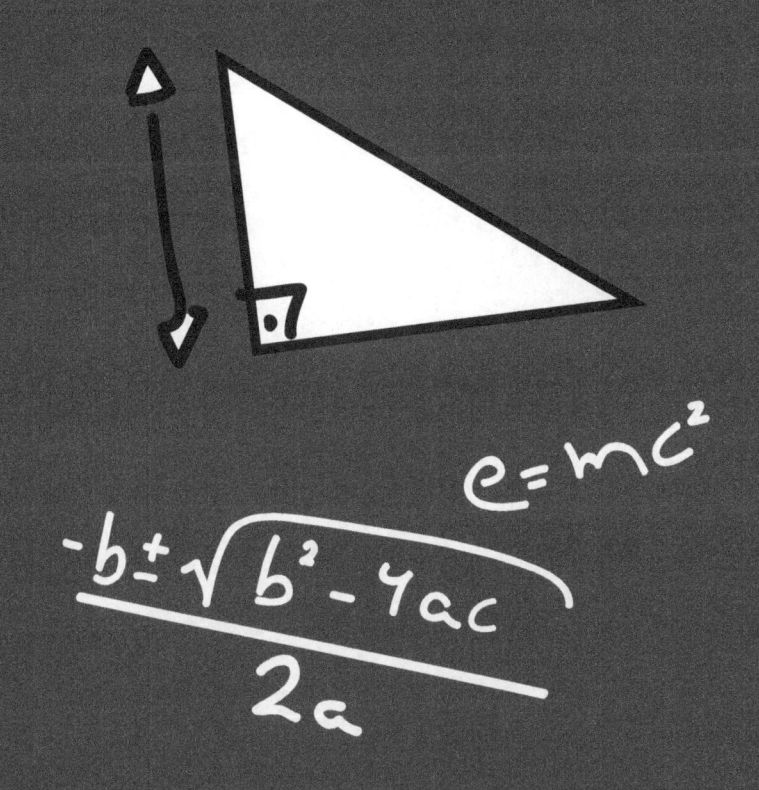

Capítulo 1

Neste primeiro capítulo, serão abordados alguns princípios que fundamentam o trabalho com jogos didáticos no ensino de matemática. Para isso, discutiremos aspectos que denotam a relevância do uso de jogos no cotidiano escolar e, particularmente, nas aulas de matemática, como um espaço para o pensar, para o fortalecimento de relações sociais e para o desenvolvimento da criatividade e da autonomia⌑ dos alunos, habilidades essenciais à formação de alunos críticos, criativos e inovadores.*

---

* A presença do ícone ⌑ indica a inclusão do termo em questão no Glossário, ao final da obra.

Jogos na educação matemática

Ainda neste capítulo, trataremos de enfocar a seriedade que deve permear o uso de jogos nas aulas de matemática, desmistificando a ideia de que, ao promover atividades com jogos, pode-se perder muito tempo ou, ainda, não garantir a aprendizagem, ideia comumente difundida e, de modo geral, fruto de desconhecimento sobre a potencialidade pedagógica do trabalho com jogos.

Desse modo, ao final deste capítulo, você deverá compreender:
~ a utilização dos jogos como um dos caminhos para a aprendizagem matemática;
~ o potencial educativo dos jogos didáticos nas aulas de matemática.

1.1 Os jogos no contexto educativo

Desde muito pequenas as crianças envolvem-se em atividades com jogos. Naturalmente, elas criam, inventam, fantasiam à medida que se envolvem em atividades lúdicas[1], relacionadas a jogos e brincadeiras. Experiências como as de colocar e tirar objetos de uma caixa ou mesmo encaixar objetos de diferentes formas são comuns entre os mais pequeninos. Daí para as brincadeiras e os jogos com regras é uma conquista que exige da criança, cada vez mais, o desenvolvimento de novas habilidades.

É importante destacar que as atividades lúdicas são inerentes ao ser humano, não somente no universo infantil, mas também nas vivências dos adultos. Quantas vezes nos surpreendemos realizando algum tipo de atividade lúdica, como sair cantarolando, brincar de "em que mão está?" ou, de modo mais sistematizado, em atividades de jogos com regras, como jogo de boliche, cartas, dominó etc.

No universo das crianças, jogos e brincadeiras ocupam um lugar especial. Nos momentos em que estão concentradas em atividades lúdicas, as crianças envolvem-se de tal modo que deixam de lado a realidade e entregam-se às fantasias e ao mundo imaginário do brincar.

Nesse sentido,

> a psicologia do desenvolvimento destaca que a brincadeira e o jogo desempenham funções psicossociais, afetivas e intelectuais básicas no processo de desenvolvimento infantil. O jogo apresenta-se como uma atividade dinâmica que vem satisfazer uma necessidade da criança, dentre outras, de 'movimento', ação. (...) O jogo propicia um ambiente favorável ao interesse da criança, não apenas pelos objetos que o constituem, mas também pelo desafio das regras impostas por uma situação imaginária que, por sua vez, pode ser considerada como um meio ao desenvolvimento do pensamento abstrato. (Grando, 2004, p. 18)

De acordo com essa ideia, muito se tem discutido sobre a importância do brincar no processo de desenvolvimento das crianças. De acordo com Grando (2004, p. 23), "tanto os trabalhos de Piaget, quanto os de Vygotsky e seus respectivos seguidores, apontam para a importância dos jogos no desenvolvimento da criança".

Nessa perspectiva, a inserção dos jogos no contexto escolar aparece como uma possibilidade altamente significativa no processo de ensino-aprendizagem, por meio da qual, ao mesmo tempo em que se aplica a ideia de aprender brincando, gerando interesse e prazer, contribui-se para o desenvolvimento cognitivo, afetivo e social dos alunos.

> Na sua prática de ensino de matemática, ou mesmo em outras áreas de conhecimento, você já vivenciou atividades com jogos? Em caso afirmativo, procure recordar como seus alunos se comportaram nessas atividades, considerando diferentes aspectos, tais como a atitude dos estudantes frente às situações propostas, o conhecimento desencadeado pela atividade e as interações sociais estabelecidas. Registre suas observações.

Para Moura (1994, p. 24), "a importância do jogo está nas possibilidades de aproximar a criança do conhecimento científico, vivendo 'virtualmente' situações de solução de problemas que os aproxima daquelas que o homem 'realmente' enfrenta ou enfrentou". Ou seja, nesse movimento de aproximação da criança com situações e ações adultas, no enfrentamento de situações vivenciadas ou simuladas no jogo, as quais demandam refletir, analisar e criar estratégias para resolver problemas, estabelece-se um caminho para o desenvolvimento do pensamento abstrato.

1.2 Os jogos como atividades de resolução de problemas

Discutida a importância dos jogos no contexto educativo, alguém poderia se perguntar: mas por que jogos no ensino de matemática? Tal questionamento nos remete a uma atividade inerente ao trabalho com jogos, que é a atividade de resolução de problemas. Segundo Grando (2004, p. 18), "ao observarmos o comportamento de uma criança em situações de brincadeira e/ou jogo, percebe-se o quanto ela desenvolve sua capacidade de fazer perguntas, buscar diferentes soluções, repensar situações, avaliar suas atitudes, encontrar e reestruturar novas relações, ou seja, resolver problemas".

Nessa perspectiva, a exploração de jogos no contexto educativo das aulas de matemática apresenta-se como um dos caminhos para o desenvolvimento de atividades de resolução de problemas. Segundo Freitas (2000), são as atividades envolvendo a resolução de problemas que impulsionam o processo de ensino-aprendizagem matemático, ou seja, são os problemas que desencadeiam a aprendizagem matemática e, por meio dos quais, os conhecimentos matemáticos emergem, de modo que os problemas são entendidos como ponto de partida da atividade matemática.

Nesse sentido,

> destaca-se a importância da metodologia de Resolução de Problemas como uma abordagem que confere significado ao conhecimento matemático (...). Com essa metodologia o aluno constrói as noções e conceitos matemáticos como ferramentas para resolver problemas. A atividade de ensino nessa metodologia não parte de conceitos e definições matemáticas, seguidas de uma lista de exercícios de aplicação direta dos conceitos. Pelo contrário, os conceitos matemáticos são construídos significativamente no processo de resolução de problemas. (Ribeiro, 1999, p. 44)

A compreensão profunda da metodologia de resolução de problemas nas aulas de matemática, de modo que a aprendizagem seja mediada pela própria atividade de resolver problemas, apresenta-se como um ponto a ser ressaltado no processo de formação de professores que ensinam matemática, já que essa perspectiva, de modo geral, é contrária ao "modelo" de formação a que forma submetidos a maioria dos professores quando eram alunos de matemática.

Nesse mesmo sentido,

> ensinar matemática através da Resolução de Problemas é uma abordagem consistente com as recomendações do NCTM e dos PCN, pois conceitos e habilidades matemáticos são aprendidos no contexto da Resolução de Problemas. O desenvolvimento de processos de pensamento de alto nível deve ser promovido através de experiências em Resolução de Problemas e o trabalho de ensino de matemática deve acontecer num ambiente de investigação orientada em Resolução de Problemas. (Onuchic; Allevato, 2004, p. 222)

Ao se relacionar o trabalho com jogos nas aulas de matemática a uma atividade de resolução de problemas, não estamos querendo dizer que resolver problemas é uma atividade exclusiva do campo da matemática, mas, sim, queremos afirmar que, ao desenvolver atividades com jogos em matemática, pode-se estar, naturalmente, desenvolvendo uma atividade de resolução de problemas envolvida no jogo, sendo essa abordagem entendida como ponto de partida da atividade matemática.

Em resumo, atividades com jogos no ensino de matemática podem ser entendidas como atividades de resolução de problemas, na medida em que, ao jogar, o aluno potencializa habilidades de resolução de problemas. Para Grando (2004, p. 19), "é fundamental inserir as crianças em atividades que permitam um caminho que vai da imaginação à abstração, por meio de processos de levantamento de hipóteses e testagem de conjecturas, reflexão, análise, síntese e criação, pela criança, de estratégias diversificadas de resolução de problemas em jogos".

De acordo com os Parâmetros Curriculares Nacionais (PCN),

> *a) o ponto de partida da atividade matemática não é a definição, mas o problema. No processo de ensino e aprendizagem, conceitos, ideias e métodos matemáticos devem ser abordados mediante a exploração de problemas, ou seja, de situações em que os alunos precisem desenvolver algum tipo de estratégia para resolvê-las; b) a resolução de problemas não é uma atividade para ser desenvolvida em paralelo ou como aplicação da aprendizagem, mas uma orientação para a aprendizagem, pois proporciona o contexto em que se pode apreender conceitos, procedimentos e atitudes matemáticas.* (Brasil, 2000, p. 43-44)

Nessa perspectiva, compreendendo o jogo como uma atividade de resolução de problemas, ele é um problema que desencadeia a construção de novos conceitos ou ideias matemáticas, de forma motivadora, prazerosa e desafiadora. Como comenta Domit (2003, p. 46), ao se desenvolver um trabalho voltado à solução de um problema, espera-se conduzir "à compreensão de um fato matemático".

Naturalmente, para a concretização dessa ideia, é necessário um estudo minucioso do jogo que se pretende propor aos alunos, bem como das estratégias que serão adotadas. Esse fator é considerado fundamental para que o uso do jogo não se reduza a uma mera atividade desconectada do processo de ensino-aprendizagem, caracterizada como um "apêndice" em sala de aula ou mesmo como resultado de um modismo.

> Procure lembrar-se dos jogos matemáticos que você já desenvolveu com seus alunos. Em quais deles você percebeu que a atividade de resolução de problemas foi evidenciada? Que aspectos lhe permitem perceber a configuração de atividades de resolução de problemas nesses jogos? Registre suas observações.

1.3 Jogos matemáticos: criatividade e autonomia

Como já comentamos anteriormente, ao se propor os jogos nas aulas de matemática, pensa-se na inserção de jogos que desencadeiem um processo de resolução de problemas, com vista à produção de novos conhecimentos matemáticos. Desse modo, o ambiente educativo deve ser entendido como um lugar de fascinação e inventividade, propício ao desenvolvimento da criatividade[m] e da autonomia dos alunos (Assmann, 1998).

Grando (2004) aponta inúmeras vantagens acerca da incorporação dos jogos no ensino de matemática. É interessante observar que as vantagens apontadas pela autora estão intimamente voltadas ao desenvolvimento da criatividade e da autonomia dos alunos, o que leva a afirmar que um trabalho sério como uso de jogos nas aulas de matemática pode ser um grande incentivo à promoção dessas características, assim como a afirmação de Alves (2001) leva a crer.

Algumas das vantagens da incorporação dos jogos nas aulas de matemática apontadas por Grando (2004, p. 31-32), que se destacam nesse contexto, são apresentadas a seguir:

> a) *desenvolvimento de estratégias de resolução de problemas (desafio dos jogos)*; b) *o jogo requer a participação ativa do aluno na construção do seu próprio conhecimento*; c) *dentre outras coisas, o jogo*

favorece o desenvolvimento da criatividade, do senso crítico, da participação, da competição 'sadia', da observação, das várias formas de uso da linguagem e do resgate do prazer em aprender.

Em contraposição a um modelo de escola que privilegia atividades repetitivas e rotineiras sem qualquer estímulo à criação e à investigação, um trabalho com jogos matemáticos pode representar a mudança para uma nova configuração escolar, voltada ao desenvolvimento de sujeitos críticos, criativos, reflexivos, inventivos, entusiastas, num exercício permanente de promoção da autonomia.

Nesse contexto, é fundamental destacar e reafirmar que o exercício da autonomia, ancorado nos demais aspectos anteriormente relacionados, só é possível mediante um trabalho realmente significativo com jogos pela via de uma atividade permanente de resolução de problemas, na qual o professor assume o papel de organizador do ensino, como sugere Moura (1994). Ainda nesse sentido, Grando (2004, p. 26) afirma que a inserção dos jogos nas aulas de matemática pode acontecer em todos os níveis de ensino, sendo que "o mais importante é que os objetivos estejam claros, a metodologia a ser utilizada seja adequada ao nível em que se está trabalhando e, principalmente, que represente uma atividade desafiadora ao aluno para o desencadeamento do processo".

> Retome os jogos matemáticos que você já explorou com seus alunos, bem como suas observações sobre a atividade de resolução de problemas desencadeada por eles. Você consegue perceber evidências que permitam considerar a atividade dos jogos como promotoras de criatividade e autonomia? Registre suas reflexões. Caso você não identifique tais aspectos, procure refletir sobre que fatores devem ser priorizados pelo professor na organização das atividades de ensino como uso de jogos.

1.4 Jogos de regras no contexto das aulas de matemática

Ao classificar os jogos, encontramos diversas categorias. Muitas delas são condicionadas pelas visões que os autores e/ou pesquisadores produzem sobre o próprio jogo. Não vem ao caso, no contexto da discussão aqui proposta, apresentar exaustivamente as diferentes classificações propostas por diferentes autores, mas, sim, contemplar algumas ideias intimamente relacionadas ao uso de jogos no contexto educativo. Nessa perspectiva, serão destacadas apenas algumas ideias acerca das classificações e/ou orientações propostas por Piaget, citado por Alves (2001), Grando (1995, 2004) e Macedo (2001), conduzindo, finalmente, ao trabalho com jogos de regras nas aulas de matemática.

A classificação proposta por Piaget, citado por Alves (2001), está associada aos diferentes estágios de desenvolvimento cognitivo da criança. Sendo assim, estão contemplados, nessa ordem, o desenvolvimento de jogos de exercício, jogos simbólicos e jogos de regras. Os jogos de exercício referem-se aos de caráter exploratório, de ação e manipulação, característicos dos dois primeiros anos de vida. A partir dos dois anos, uma nova forma de atividade lúdica é desencadeada pelos jogos simbólicos. Neles, as crianças realizam experiências de imaginação, invenção e simulação de situações reais. Posteriormente, surgem as atividades mais socializadas e, daí então, os jogos de regras.

Segundo Grando (2004, p. 23),

> no jogo de regras, a criança abandona o seu egocentrismo e o seu interesse passa a ser social, havendo necessidade de controle mútuo e de regulamentação. A regra, nesse tipo de jogo, supõe necessariamente relações sociais ou interindividuais, pois, no jogo de regras existe a obrigação do cumprimento destas que são impostas pelo grupo, sendo que a violação de tais regras representa o fim do jogo social.

Essa autora, propõe uma classificação para os jogos a partir de critérios didático-metodológicos. Desse modo, os jogos são classificados em:

> *a) jogos de azar: aqueles jogos em que o jogador depende apenas da 'sorte' para ser o vencedor; b) jogos de quebra-cabeças: jogos de soluções, a princípio desconhecidas para o jogador, em que, na maioria das vezes, joga sozinho; c) jogos de estratégias: são jogos que dependem exclusivamente da elaboração de estratégias do jogador, que busca vencer o jogo; d) jogos de fixação de conceitos: são os jogos utilizados após exposição dos conceitos, como substituição das listas de exercícios aplicadas para 'fixar conceitos'; e) jogos computacionais: são os jogos em ascensão no momento e que são executados em ambiente computacional; f) jogos pedagógicos: são jogos desenvolvidos com objetivos pedagógicos de modo a contribuir no processo ensinar-aprender. Estes na verdade englobam todos os outros tipos.* (Grando, 1995, p. 52-53)

Entre as várias possibilidades de jogos didáticos apontadas por diferentes autores, enfocaremos os jogos de regras. Tratam-se de jogos em que se "propõe uma situação-problema (objetivo do jogo) que o sujeito resolve ou não (resultado do jogo)" (Macedo, 2001, p. 127), ou seja, são compostos por um conjunto de condições e procedimentos necessários à execução e à conclusão do jogo.

Para Brenelli (1996, p. 38), os jogos de regras exigem que sejam construídos procedimentos e compreendidas relações que conduzam ao sucesso ou ao fracasso, ou seja, "o êxito no jogo depende da compreensão do mesmo".

Segundo Macedo (2001, p. 138-139), nos jogos de regras podem ser explorados aspectos de ordem afetiva, social e cognitiva, sendo que:

> *do ponto de vista* **afetivo** *[grifo nosso] tem-se neles todo um universo relacional: competir com um adversário ou vencer um objetivo; regular*

o ciúme, a inveja, a frustração; adiar o prazer imediato, já que urge cuidar dos meios que nos conduzem a ele; submerte-se [sic] a uma experiência de relação objetal, de natureza complementar, já que o outro faz parte da situação; subordinar-se para o imprevisível disso, para nosso 'terror' ou 'êxtase'. Do ponto de vista **social** [grifo nosso] têm-se nos jogos de regras as exigências básicas para uma vida social: a necessidade de uma linguagem, de códigos e, principalmente, da consideração de regras que regulam nosso comportamento interindividual (...). Do ponto de vista **cognitivo** [grifo nosso] têm-se nos jogos de regras uma necessidade e uma possibilidade constantes de construção de novos e melhores procedimentos e estruturas de fazer e compreender o mundo, de descobrir os erros e de construírem pouco a pouco meios de superá-los, de tomar consciência, ainda que relativa, daquilo que nos determina.

Tomando como referência os aspectos apontados por Macedo com relação aos jogos de regras, optamos pelo enfoque destes no contexto das aulas de matemática. Dos diferentes jogos de regras, podem ser destacados os jogos de dominó, cartas, bingo, entre outros. Cada um deles pode ser entendido como jogo pedagógico, na visão exposta por Grando (1995), de modo que são mantidas suas estruturas originais, a partir das quais desenvolvem-se as possibilidades de intervenção pedagógica constitutivas do processo de ensinar e aprender.

Retomando as discussões acerca do uso do jogo como uma atividade de resolução de problemas e como alavanca no processo de desenvolvimento do senso crítico, da criatividade e da autonomia dos alunos, podemos vislumbrar a relevância dos jogos de regras nas aulas de matemática. O desenvolvimento dos aspectos afetivo, social e cognitivo apontados apresentam-se, portanto, como elementos centrais no conjunto dos princípios norteadores do uso dos jogos em matemática.

> Você percebe avanços e conquistas de ordem afetiva e social à medida que seus alunos envolvem-se em atividades com regras nas aulas de matemática? Procure perceber de que modo os jogos de regras desencadeiam atitudes favoráveis em relação ao trabalho em grupo, aos processos de cooperação e à regulação de sentimentos dos sujeitos, que envolvem situações tais como vencer obstáculos e lidar com frustrações.

Na proposição de atividades com jogos, Kamii e DeVries, citados por Alves (2001), apontam os jogos em grupo como principal modalidade, entendendo que eles favorecem a interação social entre os integrantes do grupo e a capacidade de cooperação. Assim, as autoras estabelecem critérios para a escolha de jogos no contexto educativo:

> *a) o jogo deverá ter e propor situações interessantes e desafiadoras para os jogadores; b) o jogo deverá permitir a autoavaliação do desempenho do jogador; c) o jogo deverá permitir a participação ativa de todos os jogadores durante todo o jogo.* (Alves, 2001, p. 33)

Os critérios apontados denotam a importância da organização por parte dos professores, das atividades de ensino com uso de jogos, do estabelecimento de objetivos bem definidos e da definição de estratégias que potencializem a compreensão, formalização e generalização de conceitos.

Síntese

Ao longo deste primeiro capítulo, procuramos apresentar e discutir questões fundamentais acerca do potencial pedagógico dos jogos nas aulas de matemática. Iniciando com alguns apontamentos sobre a utilização de jogos no contexto educativo, ressaltamos o ato do brincar e/ou jogar como atividade inerente ao ser humano e essencial no processo de desenvolvimento das crianças. Depois destacamos os jogos no ensino de matemática como uma atividade de resolução de problemas, na medida em que, ao jogar, o aluno potencializa habilidades, tais como analisar, levantar hipóteses, fazer conjecturas, estabelecer relações, propor diferentes estratégias e soluções. Nessa perspectiva, destacamos a compreensão da resolução de problemas como ponto de partida da aprendizagem matemática e, em decorrência, discutimos o potencial dessa dinâmica para o desenvolvimento da criatividade e da autonomia dos alunos. Por fim, enfocamos os jogos de regras nas aulas de matemática, por meio dos quais, à medida que os alunos se envolvem na situação de jogo, são desenvolvidos aspectos de ordem afetiva, social e cognitiva. O tratamento desses aspectos que envolvem o trabalho com jogos, discutidos ao longo do texto, foi conduzido de modo a possibilitar um movimento permanente de reflexão sobre o uso de jogos nas aulas de matemática, procurando ressaltar a seriedade do trabalho, desde a clareza dos objetivos propostos até a construção dos conhecimentos matemáticos pela via dos jogos.

Indicações culturais

O BRINCAR e a matemática. Produção de Kátia Stocco Smole, Maria Ignez Diniz e Patrícia Cândido. São Paulo: Paulus, 2007. 1 videocassete (90 min), VHS, color.

AUTONOMIA. Produção de Constance Kamii. São Paulo: Paulus, 2005. 1 videocassete (40 min), VHS, color.

Atividades de Autoavaliação

1. Com base nas ideias do texto sobre a utilização de jogos no contexto educativo, assinale as prposições com V (verdadeiro) ou F (falso):
   ( ) São muito ricos no sentido de potencializar o desenvolvimento cognitivo dos alunos.
   ( ) Por serem inerentes ao ser humano, os jogos, como atividades lúdicas, propiciam um ambiente favorável ao interesse dos alunos.
   ( ) As pesquisas atuais indicam que os jogos são a melhor maneira de aprender a todo e qualquer conhecimento.
   ( ) Os jogos contribuem para o desenvolvimento cognitivo, afetivo e social dos alunos.

2. Com relação à utilização dos jogos nas aulas de matemática como uma atividade de resolução de problemas, assinale as proposições com V (verdadeiro) ou F (falso):
   ( ) Ao se envolverem em atividades com jogos, os alunos desenvolvem a capacidade de criar estratégias, fazer perguntas e buscar soluções.
   ( ) A ideia de resolução de problemas no trabalho com jogos está associada a uma lista de problemas para serem resolvidos ao término do jogo.
   ( ) A ideia de jogos como atividade de resolução de problemas está relacionada à noção de que, ao desenvolver um trabalho voltado à solução de um problema, conduz-se à compreensão de conhecimentos matemáticos.
   ( ) O papel do professor no desenvolvimento de jogos como uma atividade de resolução de problemas é irrelevante.

3. Considerando as ideias do texto a respeito da incorporação dos jogos nas aulas de matemática, assinale V (verdadeiro) ou F (falso):
   ( ) Algumas das vantagens da utilização de jogos nas aulas de matemática estão associadas à ideia de que os alunos não faltam tanto às aulas e aprendem a competir uns com os outros.
   ( ) Segundo Grando (2004), citada no texto, os jogos nas aulas de matemática contribuem, entre outras coisas, para o desenvolvimento da criatividade, do senso crítico e da participação.
   ( ) Os jogos nas aulas de matemática podem ser altamente significativos, pois demandam a participação ativa dos alunos na construção do próprio conhecimento.
   ( ) É fundamental que os jogos selecionados para o trabalho nas aulas de matemática configurem atividades desafiadoras para os alunos.

4. Sobre a utilização de jogos de regras nas aulas de matemática, é **correto** afirmar:
   a) Permitem explorar aspectos de ordem afetiva, social e cognitiva dos alunos.
   b) São mais interessantes devido à sua estrutura mais rígida e pouco flexível.
   c) Só devem ser utilizados, necessariamente, após a exploração dos chamados *jogos de exercícios* e dos *jogos simbólicos*.
   d) É melhor empregado quando um dos alunos do grupo exerce o papel de "fiscal" do jogo enquanto os demais jogam.

5. De acordo com Kamii e DeVries, citado por Alves (2001), ao escolher um jogo para explorar com os alunos nas aulas de matemática, o professor deve considerar três aspectos igualmente importantes. São eles:

a) o jogo deverá ter e propor situações interessantes e desafiadoras para os jogadores; b) o jogo deverá permitir a autoavaliação do desempenho do jogador; c) o jogo deverá permitir a participação ativa de todos os jogadores durante todo o jogo (Alves, 2001).

De acordo com essas ideias, é **incorreto** afirmar:

a) Ao jogar, os alunos podem conhecer melhor o desenvolvimento de sua própria aprendizagem.

b) Os jogos devem ser voltados ao desenvolvimento de sujeitos críticos, criativos, reflexivos, num exercício permanente de promoção da autonomia.

c) A participação ativa dos alunos no jogo acontece por imposição do professor.

d) Ao permitir a participação ativa dos alunos, o jogo pode potencializar o desenvolvimento de aprendizagens bastante significativas.

Atividades de Aprendizagem

Questões para Reflexão

1. Organize um grupo com 3 a 5 colegas do seu curso e, juntos, discutam a temática proposta na sequência da atividade. Ao final da discussão, procure fazer um breve registro das principais questões e reflexões tratadas. O tema central para a discussão é "O jogo no contexto das aulas de matemática". Para nortear a discussão, duas questões centrais são apontadas a seguir:

    a) Qual a importância dos jogos na atividade de ensino de matemática?

    b) De que modo as ideias trabalhadas no texto trouxeram contribuições para o seu modo de pensar o trabalho com jogos nas aulas de matemática?

2. Analise o projeto pedagógico da escola em que você trabalha e procure identificar como o ensino de matemática é contemplado. Como temática central para análise e reflexão, procure perceber de que modo o projeto contempla os jogos no processo de ensino e aprendizagem de matemática. Na sequência, reúna-se com alguns colegas do curso, discuta as propostas e reflita com seus pares sobre como os jogos matemáticos vêm sendo praticados nas escolas, confrontando a discussão com as ideias exploradas no texto.

Atividades Aplicadas: Prática

1. Realize entrevistas com, pelo menos, três professores de matemática procurando perceber como os jogos aparecem na sua prática de ensino. Em seguida, elabore um pequeno texto de análise crítica reflexiva das entrevistas. Para orientar a atividade de entrevistas, seguem algumas sugestões de questões que poderão ser contempladas:
   a) Qual é a sua opinião sobre a utilização de jogos nas aulas de matemática?
   b) Em que momentos você utiliza jogos nas aulas de matemática?
   c) Que tipos de jogos você costuma utilizar?
   d) Você pode ressaltar algum aspecto em relação à aprendizagem de seus alunos no trabalho com jogos aulas de matemática?
   e) Descreva, em linhas gerais, uma experiência que você vivenciou recentemente devido à utilização de jogos nas aulas de matemática.

Para que essa atividade amplie suas reflexões e conhecimentos sobre a utilização de jogos nas aulas de matemática, é importante destacar a realização das entrevistas não reduzindo a atividade à aplicação de questionários. Aproveite a oportunidade para conversar e trocar ideias.

2. Procure rever o Projeto Político Pedagógico da escola em que você trabalha e releia, observe os aspectos tocantes à metodologia de ensino de matemática. Você pode pesquisar, também, propostas de projetos de outras escolas. Isso, com certeza, enriquecerá seu trabalho. Com base no que você encontrar, discuta as seguintes questões:

a) O que aparece sobre os jogos nas aulas de matemática?

b) Que relações você pode estabelecer entre a proposta descrita no projeto sobre o uso de jogos e as ideias discutidas ao longo do texto?

Elabore um pequeno texto descrevendo, em linhas gerais, os projetos que você analisou e as suas observações a partir das questões propostas nos itens **a** e **b**, com ênfase em sua análise reflexiva acerca do trabalho com jogos.

$$\frac{-b \pm \sqrt{b^2 - 4ac}}{2a}$$

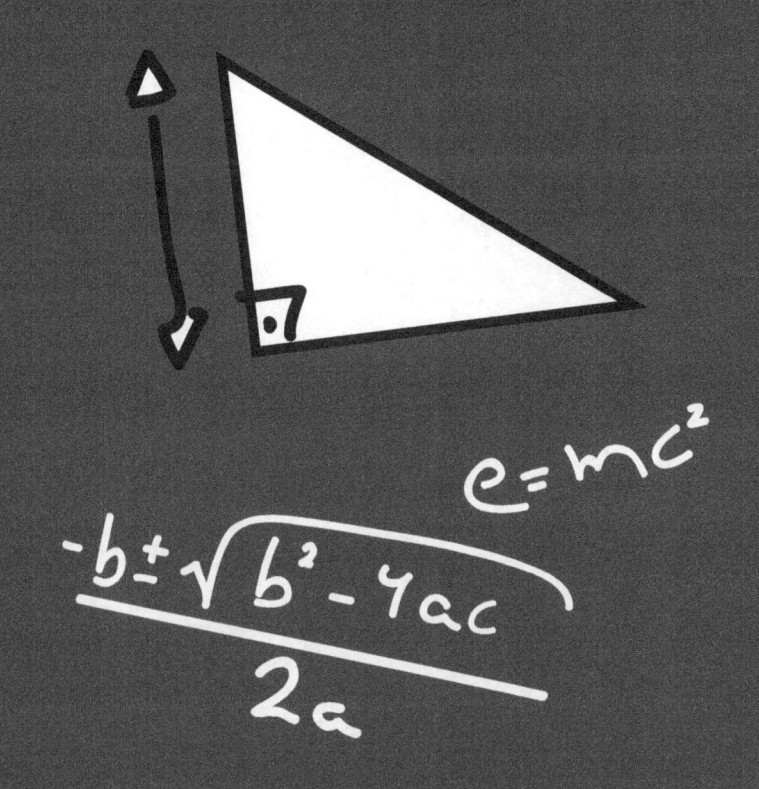

$e = mc^2$

Capítulo 2

Neste segundo capítulo, depois de discutir a importância dos jogos no contexto das aulas de matemática, serão tratadas algumas estratégias de utilização dos jogos, procurando contemplar possibilidades de abordagem nas quais, em alguns momentos, o professor configura-se como elaborador do jogo e, em outros, o aluno é quem elabora o jogo. Será destacado em cada uma delas como os jogos podem ser utilizados nas aulas de matemática como um caminho para a aprendizagem matemática, resgatando ideias do capítulo anterior que contemplavam os jogos como uma atividade de resolução de problemas.

Vivenciando e avaliando atividades com jogos

No tratamento dessas possibilidades, ressaltaremos alguns encaminhamentos sobre a avaliação do trabalho com jogos, incluindo a discussão de instrumentos avaliativos tais como relatórios, observação, apresentação oral e pareceres descritivos. Assim, ao final deste capítulo, você deverá compreender:
- ~ possibilidades de abordagem de jogos nas aulas de matemática;
- ~ a utilização de diferentes instrumentos de avaliação em situações de jogos.

2.1 O professor como elaborador de atividades de jogo nas aulas de matemática

Uma das possibilidades de utilização de jogos nas aulas de matemática se dá com a inserção de jogos elaborados pelo professor, a quem compete, nesse caso, além de confeccionar o material necessário, analisar o potencial educativo do jogo no processo de ensino-aprendizagem em matemática.

Um jogo desenvolvido pelo professor pode contemplar diferentes objetivos em relação ao ensino de matemática, dentre os quais destacam-se: exercitar o domínio de determinados algoritmos[m], desenvolver habilidades de cálculo mental, construir determinadas ideias matemáticas ou mesmo explorar dificuldades encontradas em conteúdos específicos. Paralelamente, o trabalho com o jogo pode estimular a formação de atitudes pessoais, tais como respeito aos colegas, cooperação e iniciativa, já discutidas anteriormente.

Nesse contexto, é importante destacar que

> *ao elaborar e propor um jogo didático para as aulas de matemática é fundamental que o professor perceba que a atividade de ensino não se resume no ato de jogar. A exploração do jogo, após sua conclusão, pode desencadear o tratamento de diferentes ideias matemáticas, assim como desenvolver habilidades de fazer questionamentos, buscar diferentes estratégias, analisar procedimentos, habilidades essas consideradas essenciais no processo de resolução de problemas.* (Guérios et al., 2006, p. 10)

Dentre os diferentes objetivos citados anteriormente com relação ao uso de jogos, encontramos mais comumente jogos destinados à fixação de determinados algoritmos ou mesmo de determinados conceitos matemáticos. Por exemplo, jogos de operações matemáticas com cartas, dominó ou mesmo bingo. De modo geral, predominam entre os jogos de cartas aqueles centrados na formação de pares, nos quais, em uma das cartas, figura a operação e na outra o resultado, por exemplo: numa carta aparece a operação 1 + 3 e numa outra carta o resultado 4. No dominó, seguindo o mesmo raciocínio, a sequência de peças é desencadeada encontrando a próxima peça da sequência que corresponda ao resultado de determinada operação. No bingo, a ideia é semelhante. Enquanto, nas cartelas, constam as diversas operações, o professor tem os resultados que serão sorteados, um a um, até que apareça um vencedor. Possibilitando inúmeras variações, desde a operação à estrutura do jogo (cartas, dominó, bingo etc.), esses jogos podem ser utilizados em diferentes momentos, de modo a exercitar determinados algoritmos ou fixar certos conceitos matemáticos.

Uma outra possibilidade altamente significativa e ainda pouco explorada no contexto das aulas de matemática é a de jogos elaborados e propostos pelo professor que priorizam a aprendizagem matemática pela via do jogo. Ou seja, muito mais que exercitar ou fixar determinadas ideias, são jogos por meio dos quais se aprende matemática. Nessa perspectiva, encontram-se os jogos que permitem que novos conhecimentos matemáticos sejam construídos. Essa possibilidade é apontada por Grando (2004) como uma das vantagens ao se propor esse tipo de trabalho pedagógico. Vale ressaltar que a ideia de aprendizagem por meio do jogo aqui exposta está associada à compreensão da atividade de jogo como uma possibilidade de resolver problemas.

Para ilustrar uma situação de jogo que desencadeia um processo de aprendizagem matemática, apresentamos a seguir a discussão de uma atividade que poderá ser vivenciada junto aos alunos do ensino fundamental ou médio, adaptando a abordagem e o nível de aprofundamento do conhecimento tratado. O jogo é intitulado "Ponto a Ponto", uma adaptação do jogo "Sobrou Resto!" (Guérios et al., 2006). As regras são as seguintes:

Jogo: Ponto a Ponto
Regras do jogo:
Em cada rodada, o jogador deve escolher um número natural de 6 a 19. O jogador deve comunicar o número escolhido aos demais participantes e, em seguida, lançar o dado. O número escolhido deve ser dividido mentalmente pelo número obtido no lançamento do dado. Se a divisão der exata, o jogador perde um ponto e se não der exata, ou seja, sobrar resto, ganha um ponto. O vencedor é aquele que acumular mais pontos ao término de dez jogadas.

Para jogar, é necessário que cada grupo disponha de um dado numerado de 1 a 6 e uma tabela para marcação dos pontos ganhos ou perdidos, como a sugerida a seguir. Na tabela, os alunos podem, por exemplo, registrar ponto ganho por +1 e ponto perdido por –1. Ao final das dez jogadas, cada grupo calcula o saldo de pontos de cada jogador para determinar quem venceu o jogo.

Tabela 1 – Pontuação do jogo Ponto a Ponto

Jogada	Pontuação Jogador A	Pontuação Jogador B	Pontuação Jogador C	Pontuação Jogador D
1				
2				
3				
4				
5				
6				
7				
8				
9				
10				

> Você conhece esse jogo? Já o realizou com seus alunos? Em caso afirmativo, que conhecimentos matemáticos você pode explorar junto dos alunos por meio do jogo? Caso nunca o tenha desenvolvido, procure analisar quais conhecimentos matemáticos parecem emergir do jogo proposto. Registre suas observações.

É interessante, ao propor um jogo de regras aos alunos, que a leitura e a interpretação das regras pelos estudantes faça parte do trabalho. Nessa atividade, a identificação de dificuldades de interpretação pode ser evidenciada e, na sequência, explorada pelo professor junto dos grupos.

De acordo com as regras, em cada jogada, o participante deve escolher um número de 6 a 19, depois lançar o dado e, então, dividir o número escolhido pelo que aparecer no dado. Por exemplo: se um jogador escolher o número 14 e, ao lançar o dado, aparecer o número 3, deverá fazer a operação 14 dividido por 3, que resulta 4 e tem resto 2. Nesse caso, o jogador marcará um ponto. Se, em outra jogada, ele escolher o 18 e, ao lançar o dado, aparecer o 3, fará a divisão 18 dividido por 3, que resulta 6 e não sobra resto. Consequentemente, o jogador perderá um ponto.

À medida que vão jogando, os participantes percebem que determinados números não são boas opções de escolha, ou seja, são números que dificilmente fazem sobrar resto na operação realizada. Aos poucos, os alunos passam a selecionar alguns dos números mais interessantes e excluir aqueles que dificilmente possibilitam sucesso nas jogadas. Fazendo uma tabela com os números de 6 a 19 e os respectivos números no dado que garantem o sucesso na jogada, ou seja, sobrar resto, é possível visualizar e discutir mais amplamente a situação:

Tabela 2 – Números de "sucesso" no jogo

Números de 6 a 19	Números no dado que fazem "ganhar" ponto
6 e 18	4 e 5
7, 11, 13, 17 e 19	2, 3, 4, 5 e 6
8 e 16	3, 5 e 6
9	2, 4, 5 e 6
10	3, 4 e 6
12	5
14	3, 4, 5 e 6
15	2, 4 e 6

Observando a tabela, percebemos, por exemplo, que, ao escolher o número 6, só será possível marcar um ponto se no dado aparecer um dos números: 4 ou 5. Já, se o número escolhido na jogada for o 12, somente sobrará resto, ou seja, não dará uma divisão exata, se no dado aparecer o 5. Ou seja, comparando entre escolher o 6 ou escolher o 12, é mais conveniente ficar com o 6, pois assim haverá mais chance de que sobre resto. Desse modo, analisando toda a tabela, podemos concluir que há mais chance de sobrar resto ao escolher um dos seguintes números: 7, 11, 13, 17 e 19. Com esses, só haverá divisão exata e consequente perda de ponto no caso em que ao lançar o dado apareça o número 1, já que todo número é divisível por 1.

A exploração do jogo, depois do seu término, permitirá investigar a percepção dos alunos, nos diferentes grupos, acerca dessas ideias. Desse modo, a própria tabela apresentada anteriormente poderá ser confeccionada pelos alunos no processo de análise do jogo. Ao construí-la, vários conhecimentos matemáticos poderão ser mobilizados, tais como: critérios de divisibilidade, números pares, ímpares e primos e noções de probabilidade.

Sobre os números primos, por exemplo, o professor poderá discutir junto dos alunos a ideia de que os números 7, 11, 13, 17 e 19, sendo primos, são divisíveis somente por "um" e por "ele mesmo", o que garantirá mais chance de sucesso ao jogador que selecionar esses números.

Com relação à noção de probabilidade, é importante destacar que esse jogo apresenta-se como um excelente ponto de partida para a aprendizagem desse conhecimento. Nesse sentido, é possível explorar diferentes situações, tais como: ao escolher o número 12, você possui uma chance no total de seis (o dado apresenta seis possibilidades) de obter sucesso na jogada; já, ao escolher o número 13, você possui cinco chances no total de seis, ou seja, a probabilidade de sucesso na jogada ao escolher o número 13 é de cinco em seis, isto é, 83,3%. Já escolhendo um dos números seguintes: 8, 10, 15 ou 16, o jogador terá três chances, no total de seis possibilidades do dado, de que a divisão não dê exata, configurando uma probabilidade de marcação de ponto na jogada igual a 50%.

Dessa análise, chegamos à tabela seguinte:

Tabela 3 – Números de maior probabilidade de "marcar ponto" no jogo

Número escolhido em cada jogada	Número de chances ao lançar o dado (num total de 6 possibilidades no dado)	Probabilidade de "marcar ponto" na jogada (em %)
7, 11, 13, 17 ou 19	5 em 6	83,3 %
9 ou 14	4 em 6	66,6%
8, 10, 15 ou 16	3 em 6	50 %
6 ou 18	2 em 6	33,3 %
12	1 em 6	16,6 %

Novamente, a produção dessa segunda tabela pode ser realizada pelos próprios alunos. Ao elaborar a tabela, os alunos perceberão, discutindo e organizando, quais dos números (de 6 a 19) apresentam maior probabilidade de que a jogada seja bem-sucedida, de modo a divisão não dar exata (sobrar resto na operação) e marcar ponto.

> Retome os conhecimentos matemáticos que você havia listado anteriormente na atividade do jogo aqui discutido. Com a leitura do texto, você identifica outros conhecimentos matemáticos que podem emergir da atividade do jogo? Registre suas observações.

2.1.1 Promovendo uma atividade de investigação a partir do jogo elaborado pelo professor

De acordo com Ponte et al. (2005, p. 22-23), "as investigações matemáticas constituem uma das atividades que os alunos podem realizar e que se relacionam, de muito perto, com a resolução de problemas". Ainda segundo os mesmos autores, "o conceito de investigação matemática, como atividade de ensino-aprendizagem, ajuda a trazer para a sala de aula o espírito da atividade matemática genuína, constituindo, por isso, uma poderosa metáfora educativa".

É possível, a partir do jogo discutido anteriormente, promover uma atividade de investigação matemática junto dos alunos, que poderá potencializar a exploração do jogo de modo a efetivar a construção de conhecimentos matemáticos pela via do jogo, numa perspectiva de resolver problemas.

De modo geral, uma atividade de investigação matemática é organizada em três fases: proposição de uma tarefa (investigação) aos alunos, realização da investigação e discussão dos resultados. Essas três fases podem ser contempladas na exploração do jogo "Ponto a Ponto", possibilitando emergir conhecimentos matemáticos associados à atividade do jogo.

Uma possibilidade é propor aos alunos, em pequenos grupos, depois da atividade do jogo propriamente dita, que realizem uma tarefa investigativa orientada pelas seguintes questões:

~ Ao escolher números de 6 a 19, qual(is) deles apresenta(m) menor chance de marcar ponto ao lançar o dado? Comente como você obteve sua resposta.

~ Quais números do 6 ao 19 apresentam maior chance de marcar ponto ao lançar o dado? Que características podem ser identificadas nesses números?

Para realizar a tarefa, os alunos podem retomar o jogo, fazer anotações, testar hipóteses, procurar regularidades, formular questões, justificar suas respostas e, finalmente, organizar um modo de apresentar as conclusões obtidas.

Concluída essa etapa, os diferentes grupos realizam a discussão da investigação, comunicando resultados obtidos e estratégias utilizadas, desenvolvendo suas habilidades de argumentação.

Segundo Ponte et al. (2005, p. 41),

> *as investigações constituem um contexto muito favorável para gerar boas aulas de discussão entre os alunos. No entanto, a aula de matemática, habitualmente, não é um lugar em que os alunos estejam habituados a comunicar as suas ideias nem a argumentar com os seus pares.*

Nesse sentido, as aulas de investigação podem ser altamente significativas para o desenvolvimento de potencialidades dos alunos em comunicar ideias matemáticas, no sentido de "fazer matemática na sala de aula".

2.1.2 Avaliando a atividade de investigação a partir do jogo elaborado pelo professor

Uma possibilidade avaliativa da atividade de investigação se dá por meio da produção de um relatório escrito. Trata-se de elaboração escrita na qual um aluno ou grupo apresenta o trabalho produzido a partir da tarefa de investigação. No relatório, podem ser contemplados não só os resultados e as conclusões obtidas, mas também as estratégias que os levaram a determinadas conclusões. De modo geral, um relatório trata-se de um texto no qual um aluno ou um grupo relata toda a atividade desenvolvida, com destaque para as descobertas realizadas e comentários pessoais sobre curiosidades e dificuldades encontradas ao longo do trabalho. Outras possibilidades avaliativas que também podem ser contempladas em uma atividade investigativa são a observação e as apresentações orais (Ponte et al., 2005, p. 41).

Com relação ao relatório, uma possibilidade é que ele seja produzido tomando como referência às questões relacionadas na própria tarefa de investigação, apresentada pelo professor. Por exemplo, no caso da investigação sobre o jogo "Ponto a Ponto", as questões podem ser o fio condutor da produção do relatório, ou seja, os alunos poderão elaborá-lo do relatório de modo a explicar suas conclusões sobre as questões investigadas.

Um relatório deve ser produzido com muita clareza, riqueza de detalhes sobre a atividade realizada e pode ser organizado de acordo com a seguinte estrutura:

> *Em primeiro lugar, tente descrever os passos que seguiu para explorar a tarefa que foi proposta. Procure explicá-los de uma forma clara e organizada. Registre todos os valores com que trabalhou e, nos casos em que tal se mostre adequado, não hesite em apresentar desenhos, tabelas, esquemas...*

Em segundo lugar, procure resumir o que aprendeu depois de realizar esse trabalho.

Finalmente, é também importante que organize um comentário geral em relação a tudo o que fez. Pode, por exemplo, referir o interesse que a tarefa lhe despertou, quais os aspectos em que teve maior dificuldade e a forma como decorreu o trabalho no grupo. (Ponte et al., 2005, p. 111)

Se bem elaborado, um relatório pode permitir ao professor avaliar cuidadosamente o que seus alunos aprenderam. A utilização de apresentação oral aliada à elaboração do relatório também se configura como uma possibilidade bastante significativa, já que "uma apresentação oral constitui uma situação de avaliação e também de aprendizagem, favorecendo o desenvolvimento da capacidade de comunicação e de argumentação" (Ponte et al., 2005, p. 125).

2.2 O aluno como elaborador de atividades de jogo nas aulas de matemática

De modo geral, é mais comum encontrar propostas de trabalho com jogos nas aulas de matemática nas quais o professor apresenta-se como aquele que propõe a situação de jogo. Nessas propostas, aparecem mais frequentemente situações de execução da atividade de jogar e, em raras vezes, situações nas quais os alunos são convidados a um processo de resolução de problemas e investigações sobre o ato de jogar. Nesse sentido, ressalta-se a relevância dessa segunda tendência como um caminho para aprender matemática por meio do jogo.

Outra possibilidade a ser contemplada no trabalho com jogos nas aulas de matemática se dá a partir de jogos produzidos pelos próprios alunos.

Sobre isso é importante destacar que

> quando a participação do aluno ocorre desde a elaboração do jogo é dada a ele a oportunidade de aprimorar suas ideias sobre determinados conteúdos matemáticos. Isso se deve ao fato de que terá que desenvolver estudos objetivando o domínio do conteúdo e condições de criar um jogo, isto é, as estratégias e o modo como esse conhecimento matemático será abordado, culminando com a confecção do material em si. Esse procedimento envolve o aluno em um movimento contínuo de aprofundamento de suas bases teóricas. Por exemplo, não basta saber como realizar uma operação entre números fracionários; é preciso também conhecer o significado destas operações. Instala-se a necessidade de um nível de aprendizagem mais aprofundado, que vai além do fazer. É a busca pela compreensão do fazer. (Guérios et al., 2006, p. 25)

A elaboração do jogo pelo aluno pode desencadear um processo de estudo de determinado conteúdo matemático específico, de modo que o jogo produzido apresente ideias matemáticas corretas e claras. Nesse movimento, ao acompanhar a produção dos jogos pelos alunos, é possível que o professor perceba evidências de dificuldades específicas dos alunos em determinados conteúdos. Por exemplo, é possível que, ao acompanhar a produção de um jogo sobre frações equivalentes, o professor verifique que alguns alunos têm dificuldades em compreender, por exemplo, que 1/2 e 2/4 são frações equivalentes. Pode ainda, eventualmente, em um jogo sobre potenciação, diagnosticar que alguns alunos realizam o cálculo de potências executando, por exemplo, 2^3 como igual a 2 x 3. Com o diagnóstico dessas dificuldades, é possível que o professor retome o estudo do conhecimento matemático junto aos alunos de modo a esclarecer e rever os erros cometidos, garantindo a compreensão do assunto abordado no jogo.

Até mesmo a atividade de confecção do material de jogo pode revelar dificuldades em relação aos conhecimentos matemáticos. Suponha que um grupo de alunos irá produzir um jogo de cartas do tipo "memória" sobre medidas de capacidade, mais especificamente sobre a relação entre litros e mililitros. Pode acontecer de certo grupo selecionar recortes de revistas para compor as cartas, estabelecendo, por exemplo, o seguinte par: numa carta o recorte de uma garrafa indicando capacidade de 2,5 l e na outra carta, o recorte de duas garrafas de 750 ml. Tal associação de cartas feita pelos alunos revela incompreensão acerca de que 1 litro equivale a 1000 mililitros. Eis uma situação que deverá desencadear a mediação do professor no processo de retomada da aprendizagem desse conhecimento matemático, para que, a partir daí, os alunos possam dar continuidade à produção do jogo com clareza acerca do conhecimento matemático envolvido. Nesse sentido, a incorporação de atividades de jogos produzidos pelos alunos pode ser o ponto de partida para a aprendizagem, desencadeando momentos de construção conceitual de conhecimentos matemáticos, bem como momento para fixação de determinados conceitos.

Os jogos elaborados pelos alunos podem contemplar várias estruturas entre os quais se destacam: jogos de cartas (como os de memória ou mico), jogos de dominó, jogos de bingo, jogos de dados, trilhas, entre outros. O que se dá, em cada uma dessas estruturas, é a incorporação de uma proposta de jogo matemático a partir da estrutura original, aliada à produção de regras e à confecção do material específico.

De modo geral, uma condição importante no trabalho com jogos produzidos pelos alunos é que eles realizem um esboço da proposta do jogo antes de confeccionarem o material definitivo. Isso é importante, pois, ao pensar o jogo (conteúdo, estrutura, regras) e simular sua execução, muitas questões e dúvidas podem ser evidenciadas e, consequentemente, exploradas pelo professor junto dos alunos.

2.2.1 Avaliando a atividade do jogo elaborado pelos alunos

Ao aplicar atividades de elaboração de jogos pelos alunos, é essencial pensar de que modo a avaliação dessas atividades pode ser realizada. Uma das maneiras é a observação realizada pelo professor da própria atividade de produção do jogo. Entretanto, ao utilizar esse instrumento de avaliação, é muito importante que o educador tenha clareza sobre que aspectos deve observar. Pode ser observado, por exemplo, o modo como um aluno relaciona-se com os demais no trabalho em grupo para a produção do jogo, as estratégias que desenvolve para a resolução de problemas associados ao conteúdo matemático do jogo, a organização clara de etapas para produção do jogo, dentre outros inúmeros aspectos.

Desse modo, para realizar a avaliação por meio da observação, uma ideia é a adoção de uma "lista de observação", como sugere Afonso. Esse mesmo autor propõe uma lista de observação em resolução de problemas:

Lista de Verificação de Observação em Resolução de Problemas
Aluno _____ Data _____
1. Gosta de resolver problemas.
2. Trabalha cooperativamente com outros colegas de grupo.
3. Contribui com ideias para o grupo.
4. É persistente – persiste na exploração do problema.
5. Tenta compreender o tema do problema.
6. Pensa acerca das estratégias que podem ajudar.
7. É flexível – tenta diversas estratégias se necessário.
8. Verifica a solução.
9. Consegue descrever ou analisar a resolução. (Afonso, 2002, p. 65)

É interessante considerar que uma lista de observação pode ser produzida pelo professor para avaliar atividades de jogo, de resolução de problemas, de investigação, de projeto, de modelagem, entre outras. De modo geral, a produção de uma lista de observação pode ser feita a partir do estabelecimento de critérios elencados pelo professor para a atividade realizada.

Nas situações em que os alunos elaboram o jogo, o parecer descritivo também pode ser uma interessante possibilidade avaliativa. Trata-se de um instrumento por meio do qual o professor revela o que um aluno aprendeu e indica encaminhamentos futuros. Já para o aluno apresenta-se como uma publicação de sua aprendizagem. Ou seja,

> *por meio dele o professor tem condições de perceber o "crescimento" do aluno em relação ao conteúdo em foco, ressaltando aspectos positivos de sua aprendizagem evidenciados a partir da produção do jogo, ao mesmo tempo em que, para o aluno configura-se como um momento de conscientização em relação à própria aprendizagem de modo a desenvolvê-la de forma mais significativa.* (Guérios et al., 2006, p. 25-26)

Uma das preocupações na utilização de pareceres descritivos é que eles não se resumam a pareceres classificatórios, por meio dos quais alunos são categorizados em "fracos, medianos ou bons", o que contraria uma proposta de avaliação realmente significativa. Infelizmente, nas práticas escolares, encontramos muitos usos indevidos de pareceres, com utilização da ideia de "modelos" de pareceres. Nesses modelos, o professor procura identificar qual se encaixa melhor no perfil do aluno.

Essa prática não corresponde ao sentido original da utilização de pareceres descritivos, já que em seu verdadeiro sentido cada parecer deve ter um caráter de individualidade, ou seja, deve conter registros pontuais do processo de construção de conhecimentos experimentado pelo aluno.

Alguns aspectos centrais para a produção do parecer descritivo são comentados a seguir:

~ *postura/perfil do aluno: em relação ao grupo; no desenvolvimento da atividade; no comprometimento com o trabalho desenvolvido;*
~ *aprendizagem do aluno: facilidades e dificuldades evidenciadas; mudanças significativas; relações estabelecidas; compreensão de conteúdos abordados;*
~ *descrição de conteúdos e/ou projetos: aqueles tratados especificamente na etapa relatada (bimestre, semestre etc.);*
~ *desafios e necessidades: aspectos a serem resgatados ou ressaltados na próxima etapa; aspectos a serem avançados.* (Guérios et al., 2006, p. 26)

Uma última observação e que tem relação com o texto do parecer descritivo a ser elaborado pelo professor refere-se à importância da ênfase nos aspectos positivos da aprendizagem do aluno como um caminho para o desenvolvimento de atitudes favoráveis deste em relação à própria aprendizagem. Em outras palavras e referindo-se especificamente ao ensino de matemática, acreditamos que desse modo o aluno pode desenvolver confiança em suas próprias potencialidades e, assim, avançar no sentido de acreditar em sua capacidade de "fazer matemática".

Síntese

Neste segundo capítulo, buscamos relacionar as ideias centrais, discutidas no primeiro capítulo, à exploração de possibilidades didáticas e avaliativas envolvendo jogos nas aulas de matemática. Organizando essas possibilidades em torno de duas vertentes, o professor como elaborador de jogos e de outro lado, a elaboração do jogo pelos alunos, procuramos discutir a relevância de cada uma dessas abordagens. Ao elaborar a proposta do jogo, o professor pode planejar a incorporação de situações de resolução de problemas e de investigação como atividades intimamente relacionadas ao próprio desenvolvimento da atividade.

Quando a produção do jogo é realizada pelos alunos, incluindo a seleção da estrutura do jogo, a elaboração de regras e a própria delimitação do conteúdo matemático do jogo, tem-se um caminho altamente significativo para desvelar possíveis dificuldades em relação à construção conceitual do conhecimento matemático envolvido. Com relação à avaliação das atividades envolvendo jogos nas aulas de matemática, destacamos a incorporação de instrumentos avaliativos que incentivem a capacidade de elaboração escrita, comunicação e argumentação dos alunos, explorando possibilidades de utilização de relatório, observação, apresentação oral e pareceres descritivos.

Indicações culturais

ZASLAVSKY, C. **Jogos e atividades matemáticas do mundo inteiro.** Porto Alegre: Artmed, 2000.

TAHAN, M. **O homem que calculava.** 55. ed. Rio de Janeiro: Record, 2001.

Atividades de Autoavaliação

1. Com base nas ideias do texto, analise as proposições a seguir e, depois, assinale V (verdadeiro) ou F (falso):
   ( ) Na utilização de jogos nas aulas de matemática, além do professor, de modo geral, ser o propositor dos jogos, é bastante interessante também a elaboração de propostas de jogos pelos alunos.
   ( ) Um jogo proposto pelo professor pode ser utilizado para exercitar o domínio de determinados algoritmos, desenvolver habilidades

de cálculo mental, construir determinadas ideias matemáticas ou mesmo explorar dificuldades encontradas em determinados conteúdos.

( ) Uma possibilidade ainda pouco explorada nas aulas de matemática é a de jogos elaborados e propostos pelo professor que priorizam a aprendizagem matemática desencadeada a partir do jogo, sendo mais comuns aqueles destinados à fixação de conceitos.

( ) Os jogos destinados à fixação de conceitos são os que mais estimulam os alunos a fazerem questionamentos, buscar diferentes estratégias e analisar procedimentos.

2. Retomando o jogo "Ponto a Ponto" citado no texto, assinale V (verdadeiro) ou F (falso) para cada uma das afirmações a seguir:
    ( ) Enquanto joga, o aluno pode fixar conhecimentos sobre divisão e desenvolver novas ideias matemáticas, tais como noções de probabilidade.
    ( ) De acordo com as regras do jogo, quando um jogador seleciona, por exemplo, o número 18 e se, ao lançar o dado aparece o número 3, ele perde um ponto.
    ( ) Em uma jogada, o jogador que escolher o número 7 tem mais probabilidade de sucesso do que um jogador que escolher o número 12.
    ( ) Os números primos 7, 11, 13, 17 e 19 são os que apresentam maior probabilidade de sucesso nas jogadas, assim como todos os números ímpares de 6 a 19.

3. Considerando a atividade de elaboração de jogos pelos alunos, assinale V (verdadeiro) ou F (falso) para as seguintes afirmações:
    ( ) Permite que o professor diagnostique dificuldades dos alunos em conteúdos específicos, apresentando-se como um caminho para o tratamento desses conteúdos.

( ) Nessa atividade, é fundamental que as regras sejam elaboradas pelo professor.

( ) Antes da produção do material definitivo do jogo, é importante que os alunos façam verificações de um esboço do jogo, de modo a corrigi-lo e/ou aperfeiçoá-lo.

( ) Dependendo do jogo produzido, ele pode ser ponto de partida para a aprendizagem de novos conteúdos matemáticos ou, ainda, contribuir para a fixação de conceitos.

4. Sobre a avaliação no trabalho com jogos, é **correto** afirmar:
   a) O único instrumento que pode ser utilizado pelo professor é a observação.
   b) Os pareceres descritivos só têm sentido se forem utilizados com o objetivo de classificar os alunos em "fracos", "medianos" ou "bons".
   c) A apresentação oral constitui uma situação de avaliação e de aprendizagem, já que contribui para o desenvolvimento da capacidade de comunicação e de argumentação.
   d) A elaboração de critérios elencados pelo professor para a avaliação por meio da observação não é indicada no trabalho com jogos.

5. Com relação à elaboração do parecer descritivo sobre uma atividade de jogo elaborada pelos alunos, é **incorreto** afirmar:
   a) Os aspectos que devem ser mais ressaltados são as dificuldades dos alunos.
   b) Um ponto importante do parecer é a descrição da atividade dos alunos no jogo, bem como dos objetivos propostos.
   c) Ao elaborar o parecer, o professor poderá incluir aspectos relacionados à aprendizagem matemática desencadeada pelo jogo e também aqueles relacionados ao desenvolvimento afetivo e social dos alunos no processo de jogo.

d) A utilização de modelos preestabelecidos para a elaboração de pareceres descritivos é incoerente com uma proposta de avaliação que contribua para a promoção do aluno.

Atividades de Aprendizagem

Questões para Reflexão

1. De acordo com as ideias apresentadas no texto, são inúmeras as vantagens de trabalhar com jogos elaborados pelos alunos. Aproveite essa temática como ponto de partida para um debate com seu grupo, procurando explorar: experiências já vivenciadas de elaboração de jogos pelos alunos, tipos de jogos produzidos pelos alunos, envolvimento dos alunos nessas atividades e novas possibilidades de incorporação dessa proposta nas práticas de ensino de matemática.

2. Organize um grupo com 3 a 5 colegas do seu curso e, juntos, discutam a temática proposta na sequência da atividade. Ao final da discussão, procure fazer um registro breve das principais questões e reflexões tratadas. O tema central para a discussão é "a avaliação no trabalho com jogos nas aulas de matemática". Para nortear a discussão, algumas questões são apontadas a seguir:

    a) Ao desenvolver atividades com jogos, como você costuma avaliar seus alunos? Que instrumentos você costuma utilizar para avaliar o trabalho com jogos nas aulas de matemática?

    b) Em que momentos você desenvolve atividades avaliativas do trabalho com jogos? Durante os jogos e/ou ao término dos jogos?

    c) A partir das ideias discutidas no texto você identifica novas possibilidades avaliativas do trabalho com jogos? Quais? Que aspectos mais lhe chamam atenção nessas possibilidades?

Atividades Aplicadas: Prática

1. Pesquise na escola que você atua como professor(a) quais são os jogos disponíveis para as aulas de matemática. Se não encontrar nenhum, pesquise junto ao livro didático adotado pela escola ou, ainda, junto a materiais complementares (outros livros didáticos, livros paradidáticos etc.).

    Apresente pelo menos três jogos (incluindo descrição sucinta, regras e estrutura) e indique suas fontes. Para cada um dos jogos apresentados, comente os seguintes aspectos:
    a) Quais conteúdos matemáticos podem ser explorados por meio do jogo.
    b) Qual o objetivo central do jogo em relação ao ensino de matemática (fixação de conceitos ou contexto para desenvolvimento de novas aprendizagens).
    c) Aspectos mais relevantes do jogo.
    d) Possíveis críticas e/ou sugestões sobre o jogo.

2. Elabore e confeccione uma proposta de jogo didático para as aulas de matemática contemplando os seguintes itens:
    a) conteúdos matemáticos envolvidos;
    b) definição de estrutura do jogo (selecionar uma estrutura de jogo: cartas, dominó, bingo etc.);
    c) regras do jogo;
    d) materiais necessários para compô-lo.

    Proponha uma "lista de observação" para a avaliação do jogo que você produziu e, em seguida, aplique o jogo em suas aulas de matemática. Com base na observação da atividade do jogo a partir dos critérios que você estabeleceu, elabore um parecer descritivo para cada um dos grupos, levando em consideração as ideias sobre avaliação apresentadas ao longo do texto.

$$\frac{-b \pm \sqrt{b^2 - 4ac}}{2a}$$

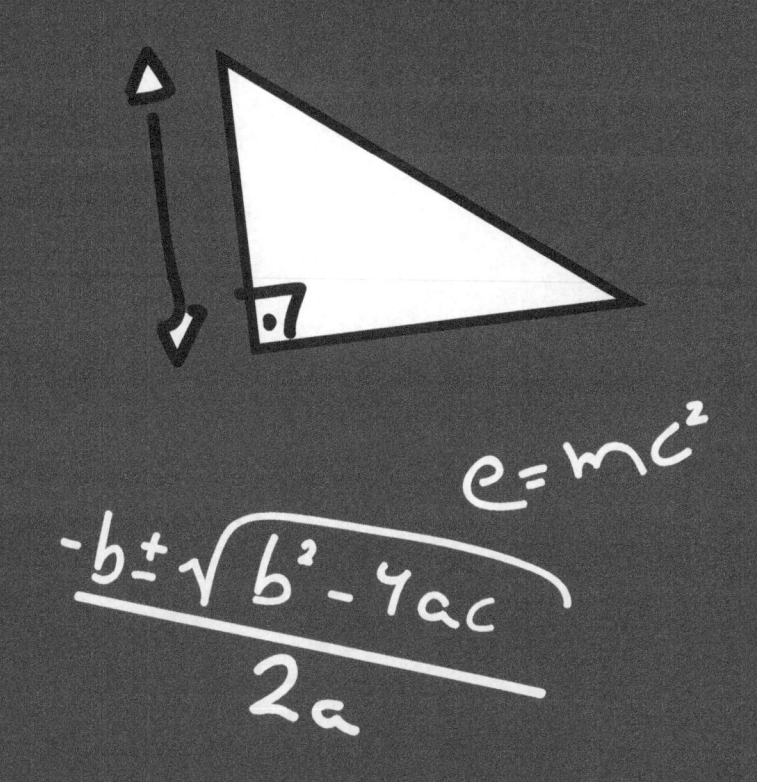

$$e = mc^2$$

Capítulo 3

Neste terceiro capítulo, depois de conhecer o potencial pedagógico dos jogos na educação matemática[m], serão apresentadas e discutidas algumas ideias fundamentais sobre a modelagem matemática como possibilidade de ensino e aprendizagem nas aulas de matemática. Para isso, será explorada, inicialmente, a ideia de ensino por meio de projetos como uma tendência não só nas aulas de matemática, mas como uma tendência que vem sendo amplamente difundida para a própria organização curricular no processo de construção de conhecimentos.

Modelagem na educação matemática

Da ideia de projetos, irá-se para o estudo da modelagem como uma das possibilidades de trabalho com projetos nas aulas de matemática, procurando destacar o significado da modelagem no ensino e a organização da atividade de ensino fundamentada na modelagem em suas diferentes etapas. Desse modo, ao final deste capítulo, você deverá compreender:
- ~ o potencial educativo da modelagem nas aulas de matemática;
- ~ as diferentes etapas de organização e impleméntação de um projeto de modelagem matemática.

3.1 O ensino por meio de projetos

Possivelmente, ao analisar a organização deste texto, partindo do ensino por projetos, um leitor pode vir a se questionar: por que falar em ensino por projetos em vez de iniciar diretamente a discussão acerca da modelagem matemática?

Nesse sentido, o enfoque aqui adotado pretende apontar a possibilidade de que a atividade de modelagem matemática possa assumir um caráter de trabalho, como sugere Skovsmose. Segundo o próprio autor, a ideia pedagógica de trabalhar com projetos, conhecida no Brasil como modelagem na educação matemática, pode fazer emergir aspectos políticos da educação matemática. (Skovsmose, 2001)

Nessa mesma perspectiva, D'Ambrósio aponta a necessidade de a matemática assumir uma dimensão política, essencial ao desenvolvimento pleno da cidadania. Segundo ele,

> *na preparação para a cidadania é fundamental o domínio de um conteúdo que tem algo a ver com o mundo real. O significado disto nas disciplinas das áreas sociais – Geografia, História, Literatura, etc., – é mais facilmente aceito. Embora mesmo nessas disciplinas ainda haja muito a desejar com relação a uma tonalidade política, tem havido muito progresso e uma aceitação geral de que isso seja importante. Porém, em matemática ainda há muita incompreensão a esse respeito. Muitos perguntam o que significaria em matemática uma dimensão política. E ainda muitos defendem – pasmem! – ser a matemática independente do contexto cultural.* (D'Ambrósio, 1996, p. 41)

Tomando como referência as ideias inicialmente apresentadas, serão discutidos alguns aspectos centrais no trabalho com projetos, entendendo que "uma importante modalidade de projetos são os modelos matemáticos" (D'Ambrósio, 1996, p. 95).

De acordo com Fernando Hernández e Montserrat Ventura (1998, p. 61), a função de um projeto, na organização de atividades de ensino e aprendizagem na escola é

> favorecer a criação de estratégias de organização dos conhecimentos escolares em relação a: 1) o tratamento da informação, e 2) a relação entre os diferentes conteúdos em torno de problemas ou hipótese que facilitem aos alunos a construção de seus conhecimentos, a transformação da informação procedente dos diferentes saberes disciplinares em conhecimento próprio.

Na escola em que você atua, o ensino por meio de projetos já vem sendo apontado e dinamizado nas práticas escolares? Em caso afirmativo, de que modo a matemática tem sido inserida no contexto desses projetos? Registre suas observações.

O desenvolvimento de um projeto de ensino demanda a compreensão acerca da organização de alguns aspectos.

Segundo Guérios et al. (2005, p. 39),

> dependendo da temática, um projeto pode variar muito no que se refere à sua duração e abrangência. Há trabalhos que duram meses, outros podem ser finalizados em poucas aulas. O tempo varia conforme o planejamento proposto para o atendimento dos objetivos da investigação.

Independentemente do tempo de duração de um projeto, da série a que se destina, do número de alunos envolvidos, entre outros aspectos, é importante destacar a existência de diferentes momentos ou etapas no desenvolvimento de um projeto. De modo geral, a organização de um projeto contempla as seguintes etapas:

~ *a escolha da temática: assunto a ser investigado;*

~ *planejamento: fase de estruturação da proposta, definição de objetivos, seleção de materiais, atividades e delimitação do conteúdo curricular e atividades de avaliação;*

~ *desenvolvimento: realização das atividades pelos alunos;*

~ *análise: fase de autocrítica, de realização de possíveis ajustes e preparação da apresentação final;*

~ *apresentação: exposição das descobertas, criações e conclusões;*

~ *retrospecto: avaliação do projeto desenvolvido, buscando possíveis reformulações e novas perspectivas.* (Guérios et al., 2005, p. 40)

Segundo Hernández e Ventura (1998), a definição de um projeto tem como ponto de partida a escolha do tema, que pode fazer parte do currículo oficial, partir de determinada experiência do grupo, de um fato atual ou, ainda, emergir de um problema originado de diferentes contextos. Um outro aspecto muito importante com relação ao trabalho com projetos apresentado por esses autores é a ideia de que "os projetos geram um alto grau de autoconsciência e de significatividade nos alunos com respeito à sua própria aprendizagem" (Hernández; Ventura, 1998, p. 72). Nessa mesma perspectiva, Micotti comenta que o trabalho com projetos mobiliza o interesse dos alunos e produz significado sobre o trabalho desenvolvido, dando sentido ao conhecimento produzido (Micotti, 1999).

Essencialmente, o que se quer colocar sobre o ensino por projetos no contexto desse material é o seu caráter de atividade educativa formadora e emancipatória dos sujeitos envolvidos. Na concepção exposta por Skovsmose (2001, p. 101), trata-se de pensar os projetos como uma possibilidade de educação crítica, já que, segundo ele, "a educação crítica tem-se manifestado em uma variedade de palavras de ordem: orientação a problemas, organização de projetos, (...), interdisciplinaridade, emancipação etc.".

Nesse mesmo sentido, o autor ainda afirma:

> Para que a educação, tanto como prática como pesquisa, seja crítica, ela deve discutir condições básicas para a obtenção do conhecimento, deve estar a par dos problemas sociais, das desigualdades, da supressão etc., e deve tentar fazer da educação uma força social progressivamente ativa. Uma educação crítica não pode ser um simples prolongamento da relação social existente. Não pode ser um acessório das desigualdades que prevalecem na sociedade. Para ser crítica, a educação deve reagir às contradições sociais. (Skovsmose, 2001, p. 101)

3.2 Modelagem matemática no processo de ensino-aprendizagem

Entendendo a modelagem como uma das possibilidades de trabalho com projetos nas aulas de matemática e contemplando a ideia de que os projetos de modelagem, em suas diferentes perspectivas, podem ampliar a competência crítica dos sujeitos envolvidos, acreditamos ser essencial apresentar a compreensão de seu significado na visão de diferentes autores.

Para Barbosa (2004, p. 4), modelagem "é um ambiente de aprendizagem no qual os alunos são convidados a problematizar e investigar, por meio da matemática, situações com referência na realidade" (2000, p. 12).

Já para Biembengut e Hein, modelagem matemática "é o processo que envolve a obtenção de um modelo", de modo que "um conjunto de símbolos e relações matemáticas que procura traduzir, de alguma forma, um fenômeno em questão ou problema de situação real, denomina-se modelo matemático".

Bassanezi (2004, p. 24) define a modelagem matemática como

um processo dinâmico utilizado para a obtenção e validação de modelos matemáticos. É uma forma de abstração e generalização com a finalidade de previsão de tendências. A modelagem consiste, essencialmente, na arte de transformar situações da realidade em problemas matemáticos cujas soluções devem ser interpretadas na linguagem usual. A modelagem é eficiente a partir do momento que nos conscientizamos que estamos sempre trabalhando com aproximações da realidade, ou seja, que estamos elaborando sobre representações de um sistema ou parte dele.

Na visão desse autor, as situações reais são convertidas e explicadas por meio de situações matematizadas. Nessa mesma perspectiva corrobora Dale Bean, destacando a ideia do "modelo matemático" como uma aproximação da realidade.

De acordo com Bean (2001, p. 53),

a essência da modelagem matemática consiste em um processo no qual as características pertinentes de um objeto ou sistema são extraídas, com a ajuda de hipóteses e aproximações simplificadoras, e representadas em termos matemáticos (o modelo). As hipóteses e as aproximações significam que o modelo criado por esse processo é sempre aberto à crítica e ao aperfeiçoamento.

Tomando como base as definições de modelagem apresentadas pelos diferentes autores citados, é possível identificar em cada uma delas, marcadamente, a formulação e a resolução de problemas como uma atividade inerente ao processo de modelagem, da qual decorre a elaboração de um modelo. Essa característica, central na modelagem matemática, permite que outras atividades não ancoradas em formulação e resolução de problemas não sejam confundidas como atividades de modelagem, como é muito comum ocorrer. Frequentemente, encontram-se professores declarando que estão realizando propostas de modelagem matemática e, no entanto, muitas delas não poderiam ser assim denominadas, pois não contemplam problematização e resolução de problemas na essência de suas atividades.

É importante destacar que um projeto de modelagem matemática pode ser desenvolvido em diferentes níveis de ensino, da educação infantil ao ensino superior. O que vai variar em cada uma dessas realidades, entre outros aspectos, são: os possíveis temas, o nível de aprofundamento dos conhecimentos oriundos da investigação do tema e o envolvimento dos alunos nas diferentes etapas.

> Você já desenvolveu atividades de modelagem matemática em sua ação docente? Retome suas ideias sobre a modelagem e compare-as com as ideias apresentadas até o momento. Registre suas observações.

3.3 A estrutura de um projeto de modelagem matemática

De modo geral, as etapas previstas por diferentes autores para a estruturação de um projeto de modelagem matemática contempla, inicialmente, a ideia apresentada anteriormente sobre a organização do trabalho com projetos, nos quais se tem a escolha do tema como ponto de partida da atividade.

Em linhas gerais, na estruturação de um projeto de modelagem matemática, segundo as ideias apresentadas por Bassanezi (2004), podem ser identificadas três grandes etapas: a escolha do tema, a coleta de dados e a formulação de modelos. A partir da escolha do tema, realizada juntamente dos alunos, as possíveis situações de estudo são definidas, ou seja, as situações que serão investigadas naquele determinado tema.

Definidos o tema e as situações de investigação, a próxima etapa é a coleta de dados, que pode se dar por meio de entrevistas, pesquisas e realização de experiências. Estando organizados, os dados coletados conduzem à formulação matemática dos modelos.

De acordo com Biembengut e Hein (2000), os procedimentos para a realização de um projeto de modelagem podem ser organizados em três etapas, subdivididos em subetapas. São eles: interação, matematização e modelo matemático. A interação compreende o reconhecimento da situação-problema e a familiarização com o assunto, incluindo o estudo de livros e revistas, experiências de campo e outras formas de pesquisa. A matematização, entendida pelos autores citados como a mais "desafiante", contempla a formulação e resolução do problema. Esse momento da atividade de modelagem pode conduzir a um conjunto de fórmulas, equações, representações, gráficos, esquemas que levem à resolução do problema com utilização de conhecimentos matemáticos disponíveis. A última etapa, o modelo matemático, compreende a interpretação do modelo e sua consequente validação, no sentido de perceber ou diagnosticar a eficiência do modelo produzido.

Da experiência da autora com projetos de modelagem matemática desenvolvidos junto ao Laboratório de Ensino Aprendizagem de matemática e Ciências Físicas e Biológicas, da UFPR, juntamente com as professoras Ettiène Guérios e Tânia Bruns Zimer, a organização de um projeto de modelagem pode ser assim estruturada:

a. *seleção dos conteúdos curriculares;*

b. *escolha do tema gerador: temática ou espaço da realidade, cujos conteúdos curriculares serão estudados;*

c. *definição de questão matriz: encaminha o tratamento do tema gerador, ou seja, define o que se pretende alcançar a partir do tema;*

d. *problematização e resolução de problemas: fase para responder à questão matriz a partir da problematização e investigação do tema. É o* momento que os conhecimentos matemáticos emergem da necessidade de resolver a questão matriz;

e. construção de conceitos matemáticos: etapa desenvolvida concomitantemente à problematização e resolução de problemas. Garante a construção de conceitos à medida que são resolvidos os problemas;

f. solução da situação problematizada; momento de discussão, avaliação e análise das soluções obtidas;

g. apresentação: comunicação dos resultados alcançados (feiras, cartazes, exposições, relatos de experiência etc.);

h. retrospecto: seminário de reflexão crítica sobre o projeto. (Guérios et al., 2005, p. 40-41)

A organização dessas etapas é resultado de trabalhos sistemáticos realizados durante vários anos e apresentados em diversos congressos de educação matemática, sob a ótica do trabalho de professores de matemática que atuam nas escolas de ensino fundamental e médio. De forma esquemática, essas etapas podem ser assim descritas:

Figura 1 – Esquema de modelagem matemática*

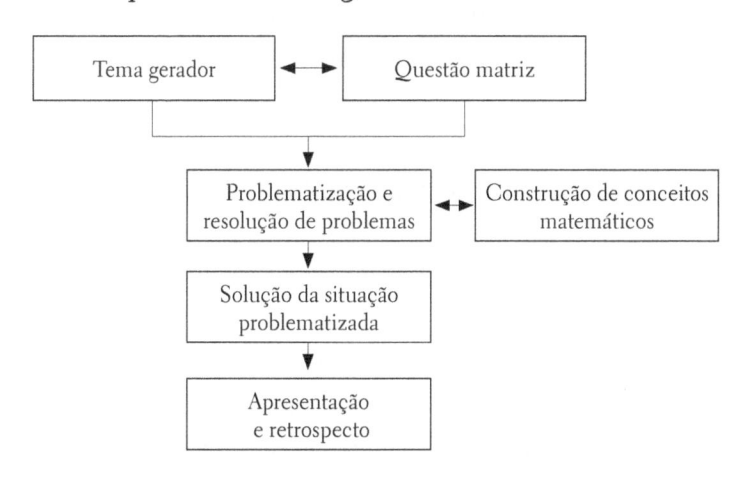

```
┌──────────────┐       ┌──────────────┐
│ Tema gerador │ ◄───► │Questão matriz│
└──────────────┘       └──────────────┘
        │
        ▼
┌─────────────────────┐       ┌──────────────────────┐
│ Problematização e   │ ◄───► │Construção de conceitos│
│ resolução de problemas│     │    matemáticos       │
└─────────────────────┘       └──────────────────────┘
        │
        ▼
┌─────────────────────┐
│ Solução da situação │
│   problematizada    │
└─────────────────────┘
        │
        ▼
┌─────────────────────┐
│    Apresentação     │
│   e retrospecto     │
└─────────────────────┘
```

* O esquema de modelagem, proposto pelas autoras Guérios, Ribeiro, Zimer, foi criado de maneira informal sem a utilização de fontes.

A organização dessas etapas para a realização de um projeto de modelagem matemática apresenta-se como um modo de garantir que a atividade desenvolvida configure realmente uma situação de modelagem e, principalmente, atenda às características do ensino em escolas regulares, nas quais inúmeros aspectos devem ser considerados e administrados. Entre esses aspectos, destacam-se alguns frequentemente citados pelos professores: o programa escolar a ser cumprido, o tempo disponível e o despreparo dos alunos.

É importante destacar que esses aspectos, presentes na realidade de quem atua como professor de matemática nas escolas de ensino fundamental e médio, podem ser ajustados e/ou contornados à medida que se adquire mais experiência com projetos de modelagem. Nesse sentido, iniciar pequenos projetos bem planejados, com duração de poucas aulas, é um caminho para a superação de dificuldades. Outra consideração importante é compreender que, ao se desenvolver um projeto de modelagem, os conhecimentos matemáticos previstos nos programas escolares são igualmente cumpridos. O que muda é que eles não são desenvolvidos linearmente, como costuma acontecer no ensino tradicional de matemática. Na atividade de modelagem, os conhecimentos matemáticos emergem na medida em que são executadas a formulação e a resolução de problemas, o que lhes confere bastante significatividade.

Com relação ao tempo necessário à atividade dos alunos num projeto de modelagem, é comum professores comentarem o "receio de perder tempo" e não darem conta de todo o conteúdo programático previsto. Com isso, acabam não contribuindo para o desenvolvimento de atividades exploratórias e de investigação que conduzam à aprendizagem. É importante ressaltar que passar por todo o currículo não garante a aprendizagem, reduzindo-se as experiências ao nível da informação. É necessário disponibilizar tempo para a problematização dos conhecimentos, possibilitando, assim, que os conhecimentos sejam explorados significativamente, contribuindo para o desenvolvimento de competências desejáveis para a formação dos alunos como cidadãos. Nesse sentido, os projetos de modelagem matemática apresentam-se como possibilidade concreta de aprendizagem na perspectiva de uma educação matemática crítica (Jacobini, 2004).

Sobre o despreparo dos alunos e até mesmo, em algumas situações, a apatia inicial dos alunos na realização de um projeto de modelagem matemática, é interessante comentar que, de modo geral, os alunos não estão acostumados a um processo de ensino-aprendizagem em que são os principais agentes do processo. Num ensino tradicional de matemática, eles são meros receptores e reprodutores de conhecimentos, quase sempre prontos e inquestionáveis. Diferentemente, num projeto de modelagem matemática, os alunos veem-se obrigados a produzir novos conhecimentos à medida que levantam hipóteses, fazem questionamentos, resolvem problemas e avaliam soluções. Essa nova configuração da atividade de ensino requer uma mudança de postura por parte dos alunos, rompendo com antigas estruturas de ensino sobre as quais repousavam suas ideias acerca do significado de ensinar e aprender.

Síntese

Neste capítulo, abordou-se a possibilidade de ensino por projetos como uma tendência que vem se destacando em várias pesquisas, publicações e discussões no âmbito das escolas. Procura-se contemplar a ideia de projeto como um caminho altamente significativo no processo de ensino e aprendizagem nas escolas, bem como suas diferentes etapas, desde a escolha do tema como ponto de partida da atividade, até a retomada de todo o projeto, com o chamado *retrospecto*[11], no sentido de avaliar o que se aprendeu e apontar possíveis encaminhamentos futuros. Na sequência, foi destacada a modelagem matemática como uma das possibilidades de ensino por meio de projetos e destacamos as contribuições de diferentes autores sobre o significado da modelagem no ensino, bem como as diferentes etapas na visão de cada um dos autores citados. De modo geral, as etapas mencionadas pelos autores contemplam: a seleção do tema e a definição da situação de investigação sobre o tema, a formulação e a resolução de problemas ancorada no processo de construção de conhecimentos matemáticos, a solução da situação com a elaboração de um modelo e, finalmente, a apresentação e a validação do modelo produzido, num movimento de retrospecto. Concluindo este capítulo, foram apontadas algumas orientações para o desenvolvimento de projetos de modelagem no âmbito das escolas de ensino fundamental e médio, considerando características dessa realidade, tais como o cumprimento dos programas escolares, a administração do tempo para as atividades e o envolvimento dos alunos nas atividades de modelagem.

Indicações culturais

FÁBULAS Disney. Donald no País da Matemágica. Produção de Walt Disney. EUA, 1959. 1 videocassete (27 min). VHS, color.

BIEMBENGUT, M. S.; SILVA, V.; HEIN, N. **Ornamentos x criatividade**: uma alternativa para ensinar geometria plana. Blumenau: Furb, 1996, 110 p.

Atividades de Autoavaliação

1. Com base nas ideias do texto sobre o ensino por meio de projetos, assinale V (verdadeiro) ou F (falso):

( ) Favorece a relação entre diferentes conhecimentos no tratamento de problemas, contribuindo para a construção desses conhecimentos pelos próprios alunos.

( ) É uma tendência atual nas escolas que não apresenta contribuições para o processo de ensino-aprendizagem em matemática.

( ) Caracteriza-se como uma atividade educativa formadora e emancipatória dos alunos, quando desenvolvida numa perspectiva de "educação crítica".

( ) Os projetos de maior duração e abrangência são os mais significativos para a aprendizagem dos alunos.

2. Com relação às etapas de organização de um projeto, citadas no texto, assinale V (verdadeiro) ou F (falso):

( ) O retrospecto é uma etapa que traz poucas contribuições ao processo de aprendizagem dos alunos.

( ) A escolha do tema deve ser feita, em todos os projetos, apenas pelo professor.

( ) Nas etapas de análise, apresentação e retrospecto, os alunos podem desenvolver habilidades de reflexão crítica e elaboração própria.

( ) A etapa de planejamento é dispensável quando o professor já tem experiência no trabalho com projetos.

3. Considerando as ideias dos diferentes autores citados no texto sobre o significado da modelagem matemática, assinale V (verdadeiro) ou F (falso) em cada uma das proposições:

( ) Está associada ao estudo de um fenômeno ou um problema de situação da realidade.

( ) Compreende a arte de transformar situações reais em problemas matemáticos.

( ) Toda atividade de resolução de problemas pode ser definida como modelagem matemática.

( ) Um modelo matemático pode ser entendido como um conjunto de símbolos e relações matemáticas que procura traduzir um fenômeno em questão ou um problema real.

4. Sobre a estrutura de um projeto de modelagem matemática é **correto** afirmar:
   a) O autor Bassanezi (2004) propõe três grandes etapas: a escolha do tema, a coleta de dados e a formulação de modelos.
   b) Os autores Biembengut e Hein (2000) sugerem as etapas de interação, matematização e modelo matemático, cada uma delas com subdivisões.
   c) Os trabalhos desenvolvidos por Guérios, Ribeiro e Zimer apontam a organização de várias etapas: seleção de conteúdos, definição de tema gerador e questão matriz, problematização/resolução de problemas e construção de conceitos matemáticos, solução da situação problematizada, apresentação e retrospecto.
   d) Todas as alternativas estão corretas.

5. Com relação ao desenvolvimento de projetos de modelagem matemática, é **correto** afirmar:
   a) Comprometem o desenvolvimento do programa de matemática previsto, pois demandam muito tempo para realização.
   b) Os conteúdos matemáticos são desenvolvidos linearmente, conforme a organização do programa ou mesmo do livro didático de Matemática.
   c) Configuram uma possibilidade concreta de aprendizagem na perspectiva de uma educação matemática crítica.
   d) São coerentes com uma proposta de ensino-aprendizagem tradicional de matemática.

Atividades de Aprendizagem

Questões para Reflexão

1. O tema central dessa atividade de discussão e reflexão refere-se ao ensino por meio de projetos. Organize um grupo com 3 a 5 colegas do seu curso e, juntos, discutam a temática proposta. Ao final da discussão, procure fazer um registro breve das principais questões e reflexões tratadas. Para nortear a discussão, algumas questões são apontadas a seguir:
   a) Como essa temática vem sendo incorporada nas escolas?
   b) Como os projetos vêm sendo desenvolvidos nas aulas de matemática?
   c) De que modo o ensino por meio de projetos pode vislumbrar uma atividade de educação crítica, conforme as ideias apresentadas no texto?

2. Organize um grupo com 3 a 5 colegas do seu curso e, juntos, discutam a temática proposta na sequência da atividade. Ao final da discussão, procure fazer um registro breve das principais questões e reflexões tratadas. O tema central para a discussão é modelagem matemática como metodologia de ensino-aprendizagem em matemática. Para nortear a discussão, algumas questões são apontadas a seguir:
   a) De que modo as ideias trabalhadas no texto trouxeram contribuições para o seu modo de pensar o trabalho com modelagem nas aulas de matemática?
   b) Qual a importância da modelagem na sua atividade de ensino de matemática?
   c) Que aspectos você considera mais relevantes (para alunos e professores) ao se desenvolver um trabalho orientado pela modelagem matemática?

Atividades Aplicadas: Prática

1. Pesquise em diferentes fontes (livros, artigos, internet etc.) um projeto de modelagem matemática voltado ao ensino fundamental e/ou médio. Descreva-o indicando a fonte pesquisada.

   Elabore um pequeno texto apresentando seu posicionamento sobre o projeto, bem como críticas e/ou sugestões.

2. Considerando o projeto de modelagem matemática descrito na atividade anterior, identifique cada uma das etapas citadas no texto por Guérios, Zimer e Ribeiro para o desenvolvimento de um projeto de Modelagem (tema gerador, conteúdos matemáticos, questão matriz, problematização e resolução de problemas, solução da situação problematizada, apresentação e retrospecto).

   Para o projeto descrito, elabore outras possibilidades de questão matriz e os possíveis conteúdos matemáticos previstos no tratamento dessa situação.

$$\frac{-b \pm \sqrt{b^2 - 4ac}}{2a}$$

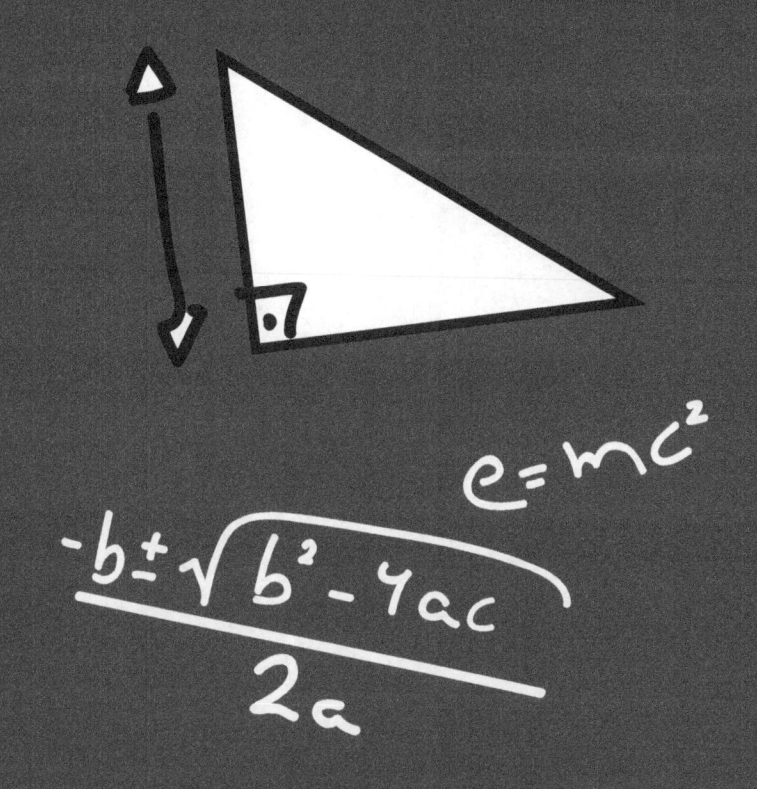

$$e = mc^2$$

Capítulo 4

Neste último capítulo, serão apresentadas e discutidas algumas propostas de modelagem matemática que podem ser implementadas em diferentes níveis de ensino, destacando cada uma das etapas de modelagem citadas no capítulo anterior (definição do tema gerador[1], conteúdos, questão matriz[1], problematização e resolução de problemas, construção de conceitos matemáticos, solução da situação problematizada, apresentação e retrospecto). À medida que as propostas estiverem sendo abordadas, algumas possibilidades avaliativas serão sugeridas, com destaque para a realização de rubricas e a produção de *portfolios*, por configurarem possibilidades altamente significativas no trabalho com projetos, como é o caso da modelagem.

Vivenciando e avaliando experiências de modelagem matemática

As propostas de modelagem matemática sugeridas pretendem ilustrar o desenvolvimento das atividades no decorrer das diferentes etapas e, em especial, destacar a construção de conceitos e ideias matemáticas desencadeada no processo de modelagem. Desse modo, ao final deste capítulo, você deverá compreender:
- ~ a dinamização de propostas de ensino-aprendizagem orientadas pela modelagem matemática;
- ~ as possibilidades avaliativas no trabalho com a modelagem.

4.1 "Embalagens" como tema gerador de um projeto de modelagem matemática

Como abordamos no capítulo anterior, a organização de determinadas etapas garantem a realização de um projeto de modelagem matemática. A etapa inicial se dá com a escolha do tema gerador e a definição dos conteúdos matemáticos que estarão inseridos no estudo do tema. Nesse sentido, é importante destacar que a definição dos conteúdos matemáticos refere-se aos anteriormente previstos pelo professor. É natural que, ao longo do processo de modelagem, outros conteúdos possam vir a emergir, decorrentes do próprio processo de formulação e resolução de problemas. A partir do tema gerador "embalagens", alguns dos possíveis conteúdos matemáticos previstos no estudo do tema são: figuras planas, sólidos geométricos, medidas de comprimento, área, volume e capacidade.

Para iniciar o projeto, não basta escolher o tema e definir os conteúdos. É essencial a definição da questão matriz como um caminho para responder à questão sobre o que fazer com o tema gerador, considerando que é a questão matriz quem conduz o tratamento do tema gerador. Uma possível questão matriz a partir do tema gerador "embalagens" é a seguinte: considerando as duas embalagens apresentadas na sequência, ambas com capacidade de 1 litro, qual delas utiliza menos papel para ser confeccionada? Ou ainda: qual das duas embalagens é a mais econômica em relação ao custo de papel para sua confecção?

Figura 2 – Modelos de embalagens

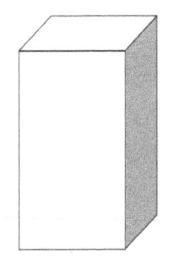

Embalagem convencional
em forma de "paralelepípedo"
(tipo caixa de leite) – tipo 1

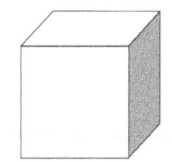

Embalagem em forma "cúbica"
com aresta de 10 cm – tipo 2

Estabelecida a questão matriz, desencadeia-se a etapa de problematização e resolução de problemas associada à construção de conceitos matemáticos. Nessa etapa os alunos podem levantar diferentes questões, na tentativa de solucionar a questão proposta (questão matriz).

Primeiramente, os alunos poderão comprovar a capacidade de 1 litro das duas embalagens, realizando a experiência de encher uma delas com algum líquido ou mesmo com areia e, depois, despejar o conteúdo na outra, de modo a verificar que as capacidades realmente coincidem.

Um caminho para solucionar a questão sobre a quantidade de papel necessário para produzir cada caixa pode estar associado à ideia de conhecer a área (superfície) que compõe a caixa. Num processo de problematização, os alunos, juntamente com o professor, perceberão a necessidade de conhecer a área (superfície) das faces laterais e das bases de cada caixa, de modo a constatar se, assim como as capacidades, as áreas totais também coincidem.

Para conhecer a área das faces de cada embalagem, os estudantes podem abri-las ou desmontá-las, encontrando sua forma planificada ou, ainda, de posse das medidas das caixas, fazer um esboço (modelo) das caixas abertas, como a representação a seguir:

Figura 3 – Modelo de caixas planificadas para embalagens

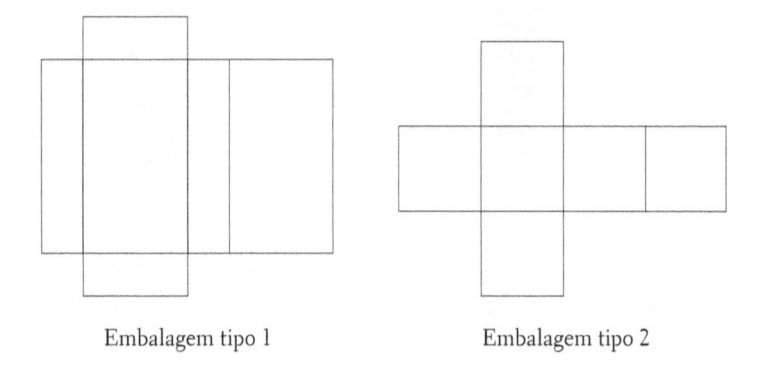

Embalagem tipo 1   Embalagem tipo 2

Considerando as medidas das caixas, podemos determinar a área total de cada uma das embalagens, composta pela área das faces laterais e pela área das bases. Daí emerge a construção dos conhecimentos matemáticos sobre cálculo de área, necessários à resolução do problema proposto.

Embalagem tipo 1: seis faces retangulares, sendo duas faces laterais com dimensões aproximadas de 6,2 cm por 16,5 cm; duas faces laterais com dimensões aproximadas de 16,5 cm por 9,7 cm; duas bases (superior e inferior) com dimensões aproximadas de 6,2 cm por 9,7 cm.

Área total da embalagem tipo 1 = área das quatro faces laterais + área das duas bases

Área total = 2 . (6,2 . 16,5) + 2 . (16,5 . 9,7) + 2 . (6,2 . 9,7)

Área total da embalagem tipo 1 = 644,98 cm^2

Embalagem tipo 2: seis faces quadrangulares com dimensões de 10 cm por 10 cm.

Com base nas medidas, podemos calcular a área total de cada embalagem da seguinte maneira:

Área total da embalagem tipo 2 = área das quatro faces laterais + área das duas bases (nesse caso, todas as faces têm as mesmas medidas)

Área total = 6 . (10 . 10)
Área total da embalagem tipo 2 = 600 cm²

> Que outros conhecimentos matemáticos não discutidos no texto podem emergir no processo de análise das embalagens para descobrir qual delas ocupa menos papel? Registre suas observações e descobertas.

Efetuando os cálculos para determinar a área de cada uma das embalagens, os alunos concluem que a embalagem de forma cúbica utiliza menor quantidade de papel para confecção. A princípio, a diferença de área de cada uma das embalagens e a consequente diferença de quantidade de papel para produção de cada caixa pode parecer pequena. No entanto, é fundamental destacar que, ao serem produzidas muitas e muitas embalagens, a quantidade de papel a mais destinada para a confecção da embalagem tipo 1 (forma de paralelepípedo) passa a ser motivo de atenção.

Um outro modo de solucionar a questão matriz proposta inicialmente e bastante interessante no trabalho com alunos menores, por exemplo, alunos das séries iniciais é a ideia de comparar a área ocupada pelas embalagens a partir de sua planificação. Ao desmontar as embalagens, eles podem copiar o modelo (esboço) de cada uma das caixas planificadas em um papel e, gradativamente, ir cobrindo uma das planificações com recortes da planificação da outra embalagem. Ao concluírem essa atividade, os alunos poderão discutir e verificar o que acontece, percebendo, por exemplo, que, se cobriram o paralelepípedo planificado com recortes do cubo planificado, alguns pedaços do paralelepípedo planificado ficarão descobertos, levando-os à solução da situação no sentido de que a quantidade de papel para confeccionar a embalagem em forma cúbica é menor que a quantidade de papel para confeccionar a embalagem em forma de paralelepípedo. Na mesma perspectiva, se optarem por cobrir o cubo planificado com recortes do paralelepípedo planificado, perceberão que, após cobrir todo o cubo planificado, ainda sobrará um pouco de papel da planificação do paralelepípedo.

Concluída a etapa de solução da situação problematizada que compreende a discussão da solução obtida, dos caminhos utilizados e da validade da própria solução, passa-se às etapas finais do processo de modelagem, que são a apresentação e o retrospecto.

Para apresentar a solução da situação problematizada podem ser utilizadas diferentes estratégias. Cada projeto de modelagem, em função de suas características (dependendo do tema gerador e da questão matriz), pode contemplar modos diferentes de apresentação dos resultados obtidos. Nesse projeto de modelagem sobre "embalagens", uma das possíveis formas de apresentação dos resultados pelos alunos pode ser por meio da exposição oral do cálculo das áreas das embalagens ou, ainda, por meio de cartazes mostrando e explicando a sobreposição de uma das embalagens planificadas sobre a outra.

Na etapa de retrospecto, professor e alunos podem, por exemplo, discutir a eficiência dos métodos utilizados, retomar aspectos nos quais algumas dificuldades foram evidenciadas, apontar novos encaminhamentos ou novos temas geradores decorrentes do estudo do tema em questão. Nessa fase, cabe, ainda, um processo de autoavaliação dos alunos, tanto com relação ao seu trabalho no grupo quanto com relação à própria aprendizagem matemática.

Em síntese, a presente proposta de modelagem, contemplou as seguintes etapas:

a. seleção dos conteúdos matemáticos curriculares: figuras planas, sólidos geométricos, medidas de comprimento, área, volume e capacidade;
b. escolha do tema gerador: embalagens;

c. definição de questão matriz: qual das duas embalagens com capacidade de 1 litro (forma de paralelepípedo ou forma cúbica) é a mais econômica em relação ao custo de papel para sua confecção?
d. problematização e resolução de problemas: O que fazer para descobrir qual das embalagens utiliza menos papel? Como determinar a área total de cada embalagem?
e. construção de conceitos matemáticos: para resolver os problemas, surge a necessidade da compreensão de noções de planificação, medidas de comprimento, cálculo de áreas, entre outras;
f. solução da situação problematizada: discussão e análise da situação, na qual os alunos poderão perceber que, para um grande número de embalagens, a opção pela caixa de menor área pode gerar grande economia;
g. apresentação: registro dos esboços e cálculos realizados, exposição da situação em cartazes;
h. retrospecto: seminário de discussão e análise coletiva de todo o projeto de modelagem realizado.

Procure recordar-se de suas experiências prévias com o ensino por projetos e a modelagem matemática. A partir da exploração das etapas de modelagem discutidas e exemplificadas no texto, que novas contribuições você evidencia nos seus conhecimentos sobre essa prática de ensino?

4.1.1 Avaliando a atividade de modelagem matemática

Uma das possibilidades avaliativas no trabalho de modelagem são as rubricas*, apontadas por Ludke (2003) como um instrumento de avaliação bastante significativo e eficiente no trabalho com projetos.

Na sua estrutura, uma rubrica deve conter o que o professor espera de seus alunos na atividade proposta (estabelecimento de critérios) e os diferentes níveis de qualidade da tarefa realizada pelos alunos. Por tratarem-se de critérios esperados dos alunos na realização de uma atividade proposta, é importante que eles tenham conhecimento prévio desses critérios, de modo a estarem preparados para a realização das atividades e, consequentemente, serem bem-sucedidos.

Uma possível rubrica para o projeto "embalagens" pode ser:

Figura 4 – Rubrica para apresentação do projeto "embalagens"

Critérios	Qualidades		
Apresentou o caminho percorrido até a solução com clareza	Sim	Não	Não ficou totalmente claro
Utilizou recursos de apresentação que facilitam a compreensão, tais como cartazes ou esboços	Sim	Não	Os recursos utilizados não foram suficientes
Indicou conhecer alternativas para chegar à solução da situação	Sim	Não	Comentou superficialmente
Demonstrou compreensão da solução por meio de operações matemáticas	Sim	Não	As operações apresentadas não foram suficientes para solucionar o problema
Evidenciou domínio dos conhecimentos matemáticos envolvidos	Sim	Não	Somente de alguns dos conhecimentos

---

* As rubricas são tabelas organizadas a partir de critérios estabelecidos e qualidades do aluno em relação a uma determinada atividade ou ao desenvolvimento de um projeto.

Outra possibilidade avaliativa em projetos de modelagem matemática é a produção de um *portfolio*. Segundo Villas Boas (2004, p. 38),

> *originariamente, o portfólio é uma pasta grande e fina em que os artistas e os fotógrafos colocam amostras de suas produções, as quais apresentam a qualidade e a abrangência do seu trabalho, de modo a ser apreciado por especialistas e professores. Essa rica fonte de informação permite aos críticos e aos próprios artistas iniciantes compreender o processo em desenvolvimento e oferecer sugestões que encorajem sua continuidade. (...) Em educação, o portfólio apresenta várias possibilidades; uma delas é a sua construção pelo aluno. Nesse caso, o portfólio é uma coleção de suas produções, as quais apresentam evidências de sua aprendizagem. É organizado por ele próprio para que ele e o professor, em conjunto, possam, acompanhar o seu progresso.*

Um aspecto marcante na produção do *portfolio* é a ideia de que ele não possui um modelo pré-estabelecido. Para uma mesma proposta de atividade, diferentes *portfolios*, produzidos por diferentes grupos, podem ser elaborados. Procurando dar conta da atividade proposta, cada *portfolio* procurará apontar evidências de todo o percurso desenvolvido pelo grupo na realização do projeto de modelagem. Por não se tratar de um modelo rígido e preestabelecido pelo professor, o *portfolio* apresenta-se como um instrumento capaz de potencializar a autonomia e o desenvolvimento do senso crítico dos alunos.

Nessa perspectiva, comenta Villas Boas (Villas Boas, 2004, p. 42):

> *como o portfólio motiva o aluno a buscar formas diferentes de aprender, suas produções revelam suas capacidades e potencialidades, as quais poderão ser apreciadas por várias pessoas. Amplia-se, assim, a concepção de avaliação, que deixa de ter a função de "verificar" a aprendizagem para incorporar a de possibilitar ao aluno e até mesmo incentivá-lo*

a mostrar seu progresso e prepará-lo para comunicar o que aprendeu e a defender suas posições.

Na produção de um *portfolio* do projeto "embalagens", os alunos podem contemplar registros de todas as etapas percorridas até a solução da questão matriz proposta inicialmente a partir do tema gerador. Nesse movimento, além de inserir registros das etapas percorridas, os alunos podem incluir, por exemplo: reflexões pessoais do grupo sobre o próprio trabalho, apontamentos de dificuldades encontradas e possíveis caminhos para superação destas, aspectos que chamem mais atenção do grupo, dentre outros.

De acordo com Smole (2000, p. 186),

> *o portfólio é uma testemunha da ação pedagógica, o registro de como um trabalho ocorreu, a memória de uma mesma proposta desenvolvida em diferentes momentos. A utilização dessa forma de documentação envolve interpenetrações das dimensões pedagógica e psicológica. Pedagógica porque o portfólio surge como um objeto fundamental do ensino, da valorização da reflexão e da ação do aluno. Psicológica porque mostra um pouco da personalidade de cada aluno, da sua forma de ser e de pensar. Através dessa documentação o professor pode compreender alguns anseios, algumas dificuldades e as conquistas de cada aluno. Por envolver as duas dimensões apontadas logo acima, o portfólio constitui um importante elemento de comunicação entre aluno e professor, entre professor e pais, entre alunos e pais funcionando ao mesmo tempo como regulação do processo educativo e como instrumento de avaliação eficiente, uma vez que propicia uma análise contínua dos progressos individuais dos alunos.*

Na avaliação de projetos de modelagem, bem como na avaliação de outras propostas de ensino-aprendizagem em matemática, é essencial estruturar formas de registro e comunicação dos resultados dos alunos. Na avaliação por meio de *portfolios*, o professor pode adotar a produção de relatórios por meio dos quais comunica pais, alunos e escola o processo de organização do trabalho e o desempenho dos alunos, com ênfase em seus avanços e conquistas. Um relatório pode ser anexado ao *portfolio* ao término de um projeto de modelagem matemática ou, também, pode ser utilizado em diferentes momentos, ao longo do ano letivo (bimestralmente, trimestralmente, semestralmente etc.), para comunicar o sentido do trabalho desenvolvido durante o ano e a aprendizagem efetivada.

4.2 "Produção de cenouras" como tema gerador de um projeto de modelagem matemática

O tema gerador "produção de cenouras" possibilita o tratamento de diversos conhecimentos matemáticos, dentre os quais, destacam-se, *a priori*: medidas de comprimento, escalas, operações aritméticas e sistema monetário. Dependendo da questão matriz estabelecida, diferentes conhecimentos matemáticos poderão emergir.

Uma possibilidade de questão matriz para o tema gerador "produção de cenouras" é: considerando duas qualidades distintas de cenouras, qual delas é mais vantajosa de ser plantada num determinado canteiro, de modo a obter maior quantidade de cenouras na época da colheita?

Para responder à questão matriz proposta, os alunos iniciam a fase de elaboração de resolução de problemas, realizam pesquisas, fazem entrevistas com pessoas especializadas no assunto e registram todas as informações disponíveis.

Um problema que pode ser levantado inicialmente refere-se às dimensões do canteiro destinado ao plantio das sementes. Supondo um canteiro retangular de 100 cm por 80 cm, os alunos podem fazer um esboço reduzido do canteiro em proporção, respeitando as medidas reais. Para isso, noções de escala poderão ser evidenciadas. Com crianças menores, nas séries iniciais, pode-se optar pela representação do canteiro fazendo a seguinte transformação: para cada 10 cm do canteiro (medida real) representar 1 cm no papel (medida no desenho). Essa ideia representa a utilização de uma escala de redução na proporção de 1:10, ou seja, cada 1 cm no desenho corresponde a 10 cm no tamanho real.

Figura 5 – Esboço do canteiro em escala 1:10

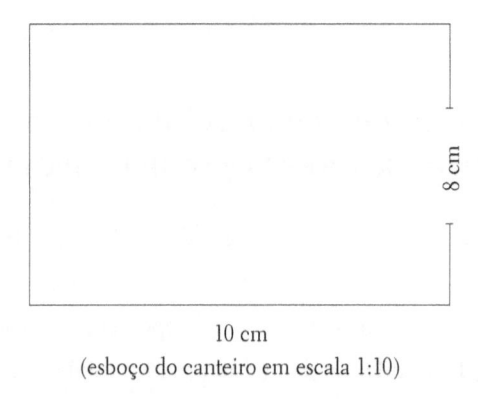

8 cm

10 cm
(esboço do canteiro em escala 1:10)

De posse da representação do canteiro, os alunos precisam conhecer características específicas das sementes de cenoura disponíveis para o plantio, de modo a estabelecer critérios para a escolha da qualidade mais vantajosa. Nesse sentido, eles podem coletar dados disponíveis nos pacotinhos de sementes ou na internet, analisando cada uma das qualidades.

Durante a pesquisa sobre as duas qualidades de cenouras, podem chegar, por exemplo, aos seguintes dados:

Quadro 1 – Características das sementes

Características	Cenoura tipo A	Cenoura tipo B
Época de plantio	Todo o ano.	Fevereiro a maio.
Semeadura (modo de plantio)	Plantio direto, deixando 30 cm entre linhas, profundidade de 1 cm.	Plantio direto, deixando 20 cm entre linhas, profundidade de 2 cm.
Desbaste	Após atingirem 10 cm de altura deixando 10 cm entre as plantas.	Após atingirem 10 cm de altura deixando 15 cm entre as plantas.
Germinação	7 a 14 dias.	7 a 14 dias.
Início da colheita	A partir de 82 dias no verão e 102 dias no inverno.	A partir de 100 dias.

Com os dados organizados na tabela, os alunos podem dar continuidade ao processo de problematização e resolução de problemas aliado à construção de conhecimentos matemáticos, realizando uma representação matemática da situação de plantio de cada uma das qualidades de cenoura no canteiro já representado. Muitos conhecimentos matemáticos serão evidenciados nesse momento. Por exemplo, os alunos terão de representar as fileiras para o plantio, que devem ser paralelas, mantendo determinada distância entre elas. Outra situação ocorrerá ao representar a posição das mudas no canteiro, em que trabalharão com medidas de comprimento, distâncias, entre outras ideias matemáticas.

Figura 6 – Cenoura tipo A

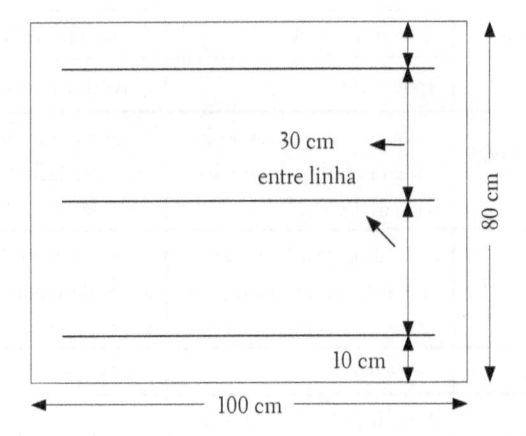

```
         30 cm
       entre linha

              80 cm

              10 cm
    ◄──── 100 cm ────►
```

Iniciando a semeadura a 5 cm de cada extremidade das fileiras, teremos, em cada fileira, após o desbaste, um total de 10 mudas de cenoura, com distância de 10 cm entre as plantas.

Figura 7 – Cenoura tipo B

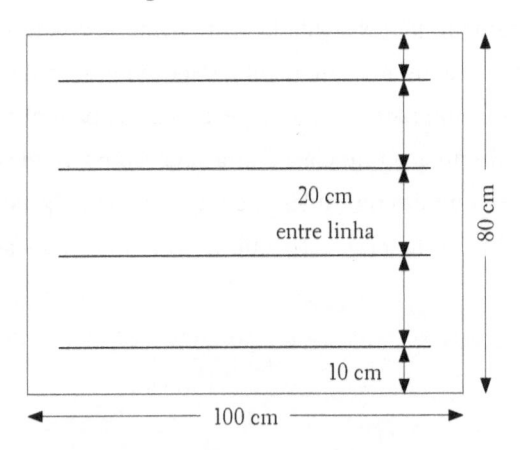

```
         20 cm
       entre linha

              80 cm

              10 cm
    ◄──── 100 cm ────►
```

Iniciando a semeadura a 5 cm de cada extremidade das fileiras, teremos, em cada fileira, após o desbaste, um total de 7 mudas de cenoura, com distância de 15 cm entre as plantas.

A representação do canteiro para cada uma das qualidades de cenoura poderá ser feita por meio de um esboço ou de uma maquete. O esboço ou a maquete permitirá determinar o número total de mudas de cenoura para cada uma das qualidades, conduzindo à solução da situação problematizada, como segue:

~ Cenoura tipo A: 3 fileiras com 10 mudas em cada, totalizando 30 mudas.

~ Cenoura tipo B: 4 fileiras com 7 mudas em cada, totalizando 28 mudas.

A etapa de apresentação do projeto "produção de cenouras" poderá ser organizada de diferentes modos. Um deles é a confecção de uma maquete que responda à questão matriz proposta. É possível, também, produzir relatórios escritos e realizar exposições orais sobre as descobertas. Cabe aqui, ainda, discussões sobre época do plantio, condições do solo, armazenamento e custo das sementes, irrigação, entre outras questões essenciais ao sucesso do cultivo.

No retrospecto, última etapa do processo de modelagem matemática, os alunos poderão discutir e avaliar métodos empregados para se chegar à solução, comparar estratégias, propor outras problematizações e até levantar uma nova questão matriz que suscite a realização de um novo projeto de modelagem.

Em síntese, a presente proposta de modelagem descrita contemplou as seguintes etapas:

a. Seleção dos conteúdos matemáticos curriculares: medidas de comprimento, escalas, operações aritméticas e sistema monetário.
b. Escolha do tema gerador: produção de cenouras.
c. Definição da questão matriz: considerando duas qualidades distintas de cenouras, qual delas é mais vantajosa de ser plantada num determinado canteiro, de modo a obter maior quantidade de cenouras na época da colheita?

d. Problematização e resolução de problemas: quais as medidas do canteiro? Qual a distância entre as linhas para plantio? Como deve ser feito o desbaste? Quantas mudas de cada qualidade poderão ser plantadas?

e. Construção de conceitos matemáticos: para resolver os problemas surge a necessidade da compreensão de noções de escala, de medidas de comprimento, paralelismo (para representar fileiras), entre outras.

f. Solução da situação problematizada: discussão e análise da situação, na qual os alunos poderão perceber que o plantio de determinada qualidade de cenoura acarretará maior quantidade de mudas, embora outros fatores também devam ser considerados, entre os quais a época do plantio e as condições do solo.

g. Apresentação: registro dos esboços e cálculos realizados, organização de tabela com dados coletados, confecção de maquete do canteiro.

h. Retrospecto: seminário de discussão e análise coletiva de todo o projeto de modelagem realizado.

Assim como no projeto de modelagem matemática "embalagens", diferentes possibilidades avaliativas podem ser contempladas no desenvolvimento do projeto "produção de cenouras". O mais importante de ser destacado é que os instrumentos de avaliação utilizados devem priorizar a avaliação formativa dos alunos. Instrumentos como a observação, a produção de relatórios, a autoavaliação, a elaboração de *portfolios* e a utilização de rubricas são algumas das possibilidades condizentes com essa ideia de avaliação para a promoção dos alunos. No sentido de uma avaliação comprometida com o desenvolvimento dos alunos, vale destacar o pensamento de Freire (2003, p. 71):

Ao pensar sobre o dever que tenho, como professor, de respeitar a dignidade do educando, sua autonomia, sua identidade em processo, devo pensar também, como já salientei, em como ter uma prática educativa em que aquele respeito, que sei dever ter ao educando, se realize em lugar de ser negado. Isso exige de mim uma reflexão crítica permanente sobre minha própria prática através da qual vou fazendo a avaliação do meu próprio fazer com os educandos. O ideal é que, cedo ou tarde, se invente uma forma pela qual os educandos possam participar da avaliação. É que o trabalho do professor é o trabalho do professor com os alunos e não do professor consigo mesmo.[5]

O professor também poderá utilizar, além dos instrumentos de avaliação citados anteriormente, outros instrumentos. Por exemplo, as provas escritas também podem figurar como um dos instrumentos avaliativos, desde que sua utilização seja coerente com os pressupostos de uma avaliação que valorize a aprendizagem significativa dos alunos, em vez da simples retenção de informações.

Síntese

Neste último capítulo, apresentamos e discutimos duas propostas de modelagem matemática (embalagens e produção de cenouras), procurando ilustrar cada uma das etapas previstas. Essas etapas compreendem desde a seleção dos conhecimentos matemáticos prévios, a escolha do tema gerador e a definição da questão matriz, até o processo de problematização e resolução de problemas aliado à construção de conceitos matemáticos que conduzem à solução da situação problematizada. Por fim, as etapas de apresentação e retrospecto, por meio das quais os alunos têm a oportunidade de apresentar suas estratégias, rever encaminhamentos, comparar e avaliar os trabalhos dos diferentes grupos, realizar autoavaliação e, até mesmo, propor novos problemas. Como possibilidades avaliativas dos projetos de modelagem matemática destacamos a utilização de rubricas e a produção de *portfolios*, entre outros instrumentos. As rubricas, organizadas a partir de critérios estabelecidos pelo professor e qualidades das atividades desempenhadas pelos alunos, podem ser exploradas na etapa de retrospecto do projeto, de modo a evidenciar conquistas e superar dificuldades dos alunos. Os *portfolios*, produzidos pelos próprios alunos, podem representar a memória de todo o projeto desenvolvido, incluindo registros dos dados coletados, entrevistas, fotos, tabelas, esboços ou desenhos, relatórios etc. De modo geral, para cada um dos instrumentos de avaliação utilizados é essencial que se tenha clareza dos seus objetivos como uma maneira de registrar, organizar, comunicar, refletir e repensar o processo educativo como um todo.

Indicações culturais

BIEMBENGUT, M. S.; HEIN, N. **Modelagem matemática no ensino**. São Paulo: Contexto, 2000.

MONTEIRO, A.; POMPEU JUNIOR, G. **A matemática e os temas transversais**. São Paulo: Moderna, 2001.

Atividades de Autoavaliação

1. Com base no projeto de modelagem matemática "embalagens", assinale V (verdadeiro) ou F (falso) para cada uma das proposições a seguir:
   ( ) No momento de realizar a planificação das embalagens, os alunos podem desenvolver ideias sobre representação de figuras planas (nesse caso, quadrados e retângulos).

( ) Para que os alunos criem estratégias para solucionar a questão matriz, o professor deve dar todos os passos a serem seguidos.

( ) Uma outra possibilidade de questão matriz para o tema gerador "embalagens" pode ser: qual o custo de papel para a produção de uma embalagem do tipo mais econômica?

( ) O tema gerador "embalagens" admite somente uma questão matriz.

2. Com relação ao projeto de modelagem matemática "produção de cenouras", assinale V (verdadeiro) ou F (falso) para cada uma das proposições a seguir:

( ) Pode contemplar atividades de visitas e entrevistas a empresas e/ou profissionais da área de cultivo de vegetais.

( ) A coleta e a organização dos dados sobre os tipos de sementes de cenoura disponíveis para plantio é essencial durante o processo de resolução de problemas na busca da solução da situação problematizada.

( ) A confecção de uma maquete é imprescindível para a apresentação da solução da questão matriz.

( ) Uma outra possibilidade de questão matriz para esse mesmo tema gerador é: qual a quantidade de adubo ou esterco necessário para o preparo adequado do canteiro de cenouras?

3. Com base nas ideias sobre a avaliação nos projetos de modelagem matemática, assinale V (verdadeiro) ou F (falso) para cada uma das proposições a seguir:

( ) As rubricas são apontadas pela autora Ludke (2003) como um instrumento de avaliação bastante significativo.

( ) A produção de *portfolios* é sugerida por Villas Boas (2004) como um instrumento potencializador da aprendizagem dos alunos nos projetos.

( ) As rubricas estão associadas à elaboração de critérios estabelecidos pelo professor para a avaliação das atividades desenvolvidas pelos alunos.

( ) A avaliação num projeto de modelagem só é possível ao término dele.

4. Em relação à produção de *portfolios*, referentes aos projetos de modelagem matemática, é **correto** afirmar:
   a) São produzidos a partir de modelos preestabelecidos pelo professor.
   b) Todos os grupos devem seguir o mesmo padrão de elaboração.
   c) Apresentam-se como instrumentos impulsionadores do senso crítico e autonomia dos alunos.
   d) Trata-se de documentos escolares aos quais os pais não podem ter acesso.

5. Um possível critério para a produção de uma rubrica para a avaliação do grupo no projeto "produção de cenouras" é:
   a) Alunos não gostam de cenouras.
   b) Demonstram conhecimento sobre escalas.
   c) Janeiro é uma boa época para o plantio.
   d) O desbaste das plantas mais fracas é mais recomendado.

Atividades de Aprendizagem

Questões para Reflexão

1. Considerando o projeto de modelagem matemática "embalagens" discutido no texto, retome a questão matriz que norteou o desenvolvimento do projeto e proponha novas possibilidades de questão matriz para esse mesmo tema gerador.

Organize um grupo com colegas do curso e discuta com seus pares que conhecimentos matemáticos podem ser tratados no processo de resolução de problemas até a solução de cada uma das situações problematizadas.

2. Organize um grupo com 3 a 5 colegas do seu curso e, juntos, discutam a temática proposta na sequência da atividade. Ao final da discussão, procure fazer um registro breve das principais questões e reflexões tratadas. O tema central para a discussão é "a avaliação no trabalho com modelagem nas aulas de matemática". Para nortear a discussão, algumas questões são propostas a seguir:

a) Ao desenvolver atividades de modelagem matemática, como você costuma avaliar seus alunos? Que instrumentos de avaliação você costuma utilizar para avaliar o trabalho de modelagem nas aulas de matemática?

b) Em que momentos você desenvolve atividades avaliativas do trabalho de modelagem (durante o projeto, ao término do projeto)?

c) A partir das ideias discutidas no texto, você identifica novas possibilidades avaliativas no trabalho com modelagem matemática? Quais? Que aspectos mais lhe chamam atenção nessas possibilidades?

Atividades Aplicadas: Prática

1. Elabore uma proposta de modelagem matemática para o ensino fundamental e/ou médio que contemple as ideias discutidas nos textos. No desenvolvimento da proposta, especifique a série a que se destina e o tempo de duração previsto. Organize suas ideias procurando identificar cada uma das etapas de modelagem propostas por Guérios, Zimer, Ribeiro.

2. Produza uma proposta de rubrica para avaliação do projeto de modelagem matemática proposto na atividade anterior de seu *portfolio*.

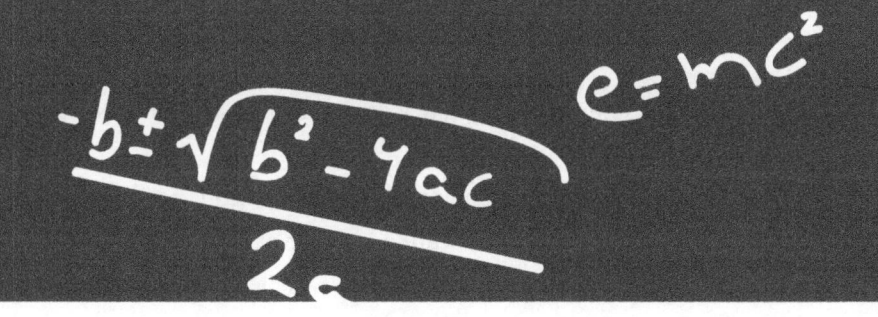

Considerações finais

Ao concluir a elaboração deste livro, muitas questões decorrentes se apresentam como motor para a proposição de novas discussões sobre as temáticas aqui contempladas. Isso se dá pelo fato de que as análises teóricas, as reflexões e as práticas propostas, desencadeiam um novo processo de reflexão sobre a atividade de ensino de matemática, gerando novas ações, novas práticas de ensino de matemática e, assim sucessivamente, novas reflexões e aprofundamentos teóricos, num movimento permanente de reflexão e ação. Nesse contexto, vale destacar a figura do professor como pesquisador em Educação matemática, à medida que este desenvolve sua prática de ensino mediada pela pesquisa e elaboração própria.

Sendo assim, as ideias apresentadas no decorrer dos quatro capítulos em que o livro foi organizado buscam contribuir para a construção de práticas pedagógicas de ensino de matemática, coerentes com as atuais tendências em educação matemática.

Construindo e/ou ampliando conhecimentos docentes sobre jogos e modelagem matemática e situando essas temáticas no contexto de discussões mais amplas, como a atividade de resolução de problemas, o ensino por projetos, a atividade investigativa e práticas avaliativas formativas como a produção de *portfolios*, a observação, as apresentações orais, os relatórios, as rubricas e os pareceres descritivos, procurou-se criar condições para a melhoria das práticas de ensino de matemática vigentes, a fim de tornar as aulas desta disciplina mais prazerosas e significativas.

Por fim, conclui-se o presente livro reforçando que, para a concretização dessas práticas envolvendo jogos e modelagem, ancoradas em atividades de investigação e resolução de problemas, um ponto fundamental a ser destacado é o papel do professor como agente nesse processo. Isso implica afirmar que só é possível vislumbrar o sucesso das atividades propostas e analisadas no âmbito deste livro se a abordagem proposta pelo professor estiver atrelada a uma ação educativa comprometida com o desenvolvimento da autonomia dos alunos, no sentido de uma formação na cidadania.

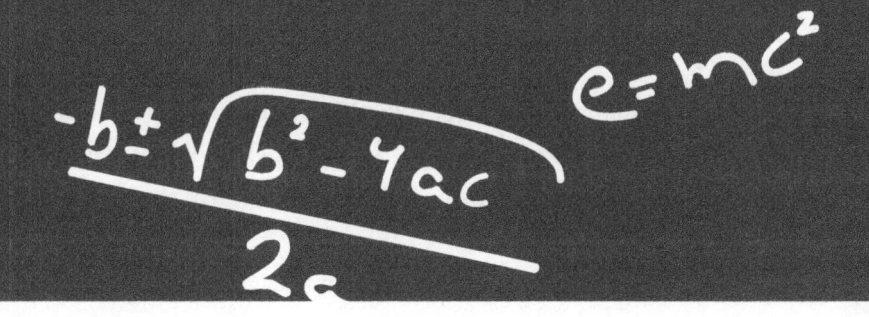

Glossário*

Algoritmo: método ou conjunto de regras ou processos voltados à solução de uma operação matemática ou de um problema.

Autonomia: propriedade pela qual o ser humano se orienta por suas próprias leis, definindo por si mesmo a própria conduta.

Cognição, cognitivo: processo associado à ideia de aquisição de conhecimento.

Criatividade: capacidade criadora, inventividade.

* Glossário elaborado a partir de Holanda (1986).

Educação matemática: área de conhecimento que lida com a compreensão de diferentes aspectos que envolvem o processo de ensino e aprendizagem em matemática.

Investigação: atividade associada à ideia de busca, pesquisa; no contexto do livro, apresentada para a proposição de atividades investigativas nas aulas de matemática.

Lúdico(a), ludicidade: referente às atividades com jogos e brincadeiras.

Problematização: atividade associada à ideia de formulação de problemas; termo comumente utilizado em textos que tratam da resolução de problemas no ensino de matemática.

Questão matriz: termo relacionado à situação problematizada a partir de um tema gerador num projeto de modelagem matemática; é a questão matriz que impulsiona a atividade matemática com um tema gerador.

Retrospecto: termo utilizado para explicar a etapa de modelagem matemática na qual se realiza análise da atividade anteriormente desenvolvida.

Tema gerador: termo utilizado para designar a temática de um projeto de modelagem matemática.

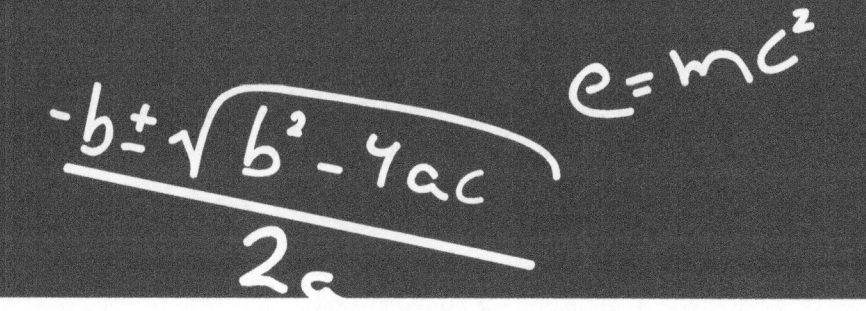

Referências

Afonso, P. Avaliação em matemática: novas prioridades no contexto educativo de Portugal. **Revista da Sbem**, ano 9, número 12, p. 59-68, junho de 2002.

Alves, E. M. S. **A ludicidade e o ensino de matemática**. Campinas: Papirus, 2001.

Assmann, H. **Reencantar a educação**: rumo à sociedade aprendente. Petrópolis: Vozes, 1998.

BARBOSA, J. C. Modelagem matemática na sala de aula. In: VIII encontro nacional de educação matemática, 2004, Recife. **Anais do VIII Enem**, Recife: Sbem-PE, 2004. 1 CD-ROM.

BASSANEZI, R. C. **Ensino-aprendizagem com modelagem matemática**: uma nova estratégia. São Paulo: Contexto, 2002.

BEAN, D. O que é modelagem matemática? **Educação matemática em Revista**, São Paulo, ano 8, n. 9-10, p. 49-57, abril. 2001.

BICUDO, M. A. V. (Org.). **Pesquisa em educação matemática**: concepções & perspectivas. São Paulo: Unesp, 1999.

BIEMBENGUT, M. S.; HEIN, N. **Modelagem matemática no ensino**. 3. ed. São Paulo: Contexto, 2000.

BRASIL. Ministério da Educação. Secretaria de Educação Fundamental. **Parâmetros Curriculares Nacionais**. v. 3. Rio de Janeiro: DP&A, 2000.

BRENELLI, R. P. **O jogo com espaço para pensar**: a construção de noções lógicas e aritméticas. Campinas: Papirus, 1996.

D'AMBRÓSIO, U. Um embasamento filosófico para as licenciaturas. In: BICUDO, M. A. V.; SILVA JUNIOR, C. A. da (Org.). **Formação do educador**: dever do Estado, tarefa da Universidade. v. 2. São Paulo: Unesp, 1996a.

_____. **Educação matemática**: da teoria à prática. Campinas: Papirus, 1996b.

DOMITE, M. C. S. A formação de professores como uma atividade de formulação de problemas: educação matemática no centro das atenções. In: CARVALHO, A. M. P. de (Org.). **Formação continuada de professores**: uma releitura das áreas de conteúdo. v. 1. São Paulo: Pioneira Thomson Learning, 2003.

FREIRE, P. **Pedagogia da autonomia**: saberes necessários à prática educativa. São Paulo: Paz e Terra, 2003.

FREITAS, J. L. M. de. Situações didáticas. In: MACHADO, S. D. A. (Org.). **Educação matemática**: uma introdução. 2. ed. São Paulo: Educ, 2000.

GRANDO, R. C. **O jogo e suas possibilidades metodológicas no processo ensino-aprendizagem da matemática**. 1995. 175 p. Dissertação (Mestrado em Educação). Faculdade de Educação, Unicamp, Campinas, 1995.

_____. **O jogo e a matemática no contexto da sala de aula**. São Paulo: Paulus, 2004.

GUÉRIOS, E. et al. **A avaliação em matemática nas séries iniciais**. 1. ed. Curitiba: UFPR, 2005.

_____. **Avaliação da aprendizagem no ensino fundamental de 5ª a 8ª série**. Curitiba: UFPR, 2006.

HERNÁNDEZ, F.; VENTURA, M. **A organização do currículo por projetos de trabalho**: o conhecimento é um caleidoscópio. Porto Alegre: Artmed, 1998.

HOLANDA, A. B. de. **Novo dicionário Aurélio da língua portuguesa**. Rio de Janeiro: Nova Fronteira, 1986.

JACOBINI, O. R. **A modelagem matemática como instrumento de ação política na sala de aula.** 2004. 225 p. Tese (Doutorado em Educação matemática). Universidade Estadual Paulista, Rio Claro, 2004.

LUDKE, M. O trabalho com projetos e a avaliação na educação básica. In: ESTEBAN, M. T.; HOFFMANN, J.; SILVA, J. F. da (Org.). **Práticas avaliativas e aprendizagens significativas em diferentes áreas do currículo.** Porto Alegre: Mediação, 2003.

MICOTTI, M. C. de O. O ensino e as propostas pedagógicas. In: BICUDO, M. A. V. (Org.). **Pesquisa em educação matemática:** concepções & perspectivas. São Paulo: Unesp, 1999.

MACEDO, L. Para uma psicopedagogia construtivista. In.: ALENCAR, E. S. de (Org.). **Novas contribuições da psicologia aos processos de ensino e aprendizagem.** 4. ed. São Paulo: Cortez, 2001, p. 119-140.

MONTEIRO, A.; POMPEU JUNIOR, G. **A matemática e os temas transversais.** São Paulo: Moderna, 2001.

MOURA, M. O. A séria busca no jogo: do lúdico na matemática. **Revista da Sociedade Brasileira de Educação matemática (SBEM).** ano II, n. 3, p. 17-24, 2º semestre de 1994

ONUCHIC, L. de la R.; ALLEVATO, N. S. G. Novas reflexões sobre o ensino-aprendizagem de matemática através da Resolução de Problemas. In: BICUDO, M. A. V.; BORBA, M. C. (Org.). **Educação matemática:** pesquisa em movimento. São Paulo: Cortez, 2004.

PONTE, J. P. da; BROCARDO, J.; OLIVEIRA, H. **Investigações matemáticas na sala de aula.** Belo Horizonte: Autêntica, 2005.

RIBEIRO, F. D. **A formação do professor-educador matemático em cursos de licenciatura em matemática.** 1999. 132 p. Dissertação (Mestrado em Educação). Pontifícia Universidade Católica do Paraná, Curitiba, 1999.

SOHRES, E.; GRACE, C. **Manual de portfolio**: um guia passo a passo para o professor. Porto Alegre: Artmed, 2001.

SMOLE, K. C. S. **A matemática na educação infantil**: a teoria das inteligências múltiplas na prática escolar. Porto Alegre: Artmed, 2000.

SKOVSMOSE, O. **Educação matemática crítica**: a questão da democracia. Campinas: Papirus, 2001.

VILLAS BOAS, B. M. de F. **Portfolio, avaliação e trabalho pedagógico.** Campinas: Papirus, 2004.

ZASLAVSKY, C. **Jogos e atividades matemáticas do mundo inteiro**: diversão multicultural para idades de 8 a 12 anos. Porto Alegre: Artmed, 2000.

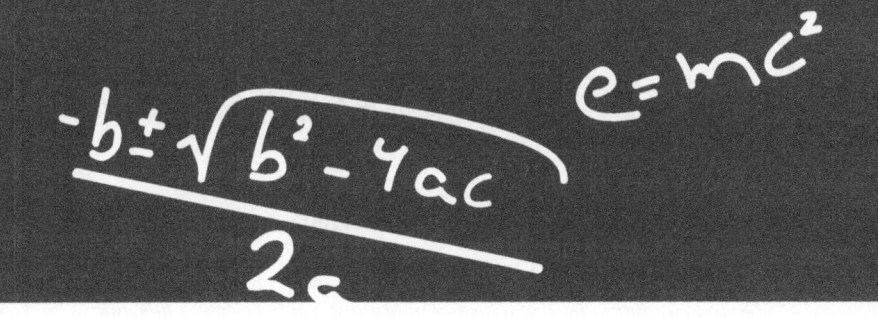

Bibliografia comentada

ALVES, E. M. S. **A ludicidade e o ensino de matemática**. Campinas: Papirus, 2001.

É um livro composto por interessantes sugestões práticas e análises de propostas de jogos vivenciados pela autora a partir de suas experiências como professora de matemática.

BASSANEZI, R. C. **Ensino-aprendizagem com modelagem matemática**. São Paulo: Contexto, 2004.

É um livro bem completo sobre modelagem matemática. Apresenta vá-

rias contribuições para a formação de professores e diversos exemplos de projetos.

GRANDO, R C. **O jogo e a matemática no contexto da sala de aula.** São Paulo: Paulus, 2004.

No livro, a autora propõe reflexões importantes sobre os jogos nas aulas de matemática e discute algumas propostas de intervenção pedagógica com jogos.

MONTEIRO, A.; POMPEU JUNIOR, G. **A matemática e os temas transversais.** São Paulo: Moderna, 2001.

O livro apresenta contribuições sobre modelagem matemática e a ideia de currículo na perspectiva da etnomatemática. Apresenta, ainda, sugestões de projetos como a construção de cata-ventos e o consumo de energia elétrica, entre outros.

PONTE, J. P.; BROCARDO, J.; OLIVEIRA, H. **Investigações matemáticas na sala de aula.** Belo Horizonte: Autêntica, 2005.

No livro, os autores discutem as etapas da atividade de investigação matemática e apresentam possibilidades investigativas em diferentes campos: numérico, geométrico e estatístico.

SMOLE, K. C. S. **A matemática na educação infantil**: a teoria das inteligências múltiplas na prática escolar. Porto Alegre; Artmed, 2000.

No livro, a autora destaca o trabalho com projetos, discute a avaliação, propõe a produção de portfolios e apresenta sugestões de projetos para a educação infantil.

SOHRES, E.; GRACE, C. **Manual de portfolio**: um guia passo a passo para o professor. Porto Alegre: Artmed, 2001.

O livro apresenta sugestões para elaboração e organização de portfolios em diferentes situações de ensino.

VILLAS BOAS, B. M. de F. **Portfolio, avaliação e trabalho pedagógico.** Campinas: Papirus, 2004.

É um livro muito interessante para o esclarecimento de dúvidas com relação à elaboração e utilização de portfolios *como instrumento de avaliação.*

ZASLAVSKY, C. **Jogos e atividades matemáticas do mundo inteiro**: diversão multicultural para idades de 8 a 12 anos. Porto Alegre: Artmed, 2000.

É um livro muito rico em propostas de jogos, quebra-cabeças e atividades matemáticas de diferentes parte do mundo.

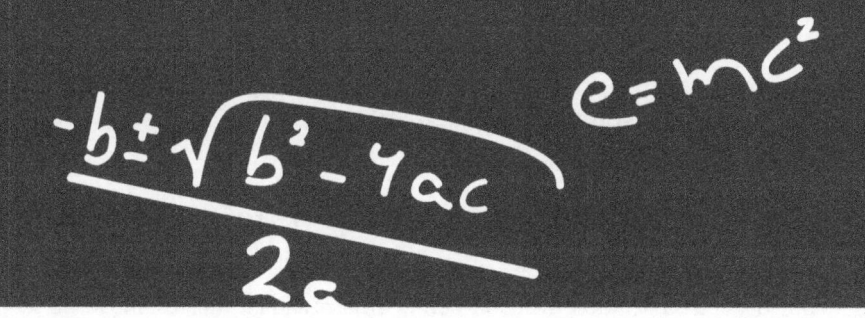

Gabarito

Capítulo 1

Atividades de Autoavaliação

1. V, V, F, V
2. V, F, V, F
3. F, V, V, V
4. a
5. c

Atividades de Aprendizagem
Questões para Reflexão

Comentário 1: É importante que as discussões tratem do potencial dos jogos para que os alunos aprendam matemática e que a atividade do jogo possa ser desenvolvida como uma atividade de resolução de problemas.

Comentário 2: Nos projetos pedagógicos das escolas, os jogos no ensino de matemática podem ou não estar contemplados. Se estiverem, é fundamental perceber qual a abordagem proposta e qual sua relação com as ideias do texto.

Capítulo 2

Atividades de Autoavaliação

1. V, V, V, F
2. V, V, V, F
3. V, F, V, V
4. c
5. a

Atividades de Aprendizagem
Questões para Reflexão

Comentário 1: Com relação às experiências já vivenciadas com a elaboração de jogos pelos alunos, é interessante observar o objetivo central dos jogos produzidos pelos alunos (fixação de conceitos e/ou ponto de partida para novas aprendizagens).

Comentário 2: Nas discussões coletivas, é importante perceber as contribuições dos colegas sobre a utilização de diferentes instrumentos de avaliação dos jogos, analisando diferentes aspectos envolvidos na escolha de cada um dos instrumentos.

Capítulo 3

Atividades de Autoavaliação
1. V, F, V, F
2. F, F, V, F
3. V, V, F, V
4. d
5. c

Atividades de Aprendizagem
Questões para Reflexão

Comentário 1: Ao refletir sobre o ensino por projetos, é importante observar se as práticas desenvolvidas nas escolas têm relação com as ideias apresentadas no texto, identificando pontos convergentes e divergentes.

Comentário 2: Com relação ao desenvolvimento de projetos de modelagem matemática, é interessante refletir sobre as etapas sugeridas pelos diferentes autores, procurando compreendê-las mais profundamente de modo a contribuir na elaboração de novas propostas.

Capítulo 4

Atividades de Autoavaliação
1. V F V F
2. V V F V
3. V V V F
4. c
5. b

Atividades de Aprendizagem
Questões para Reflexão

Comentário 1: Na discussão sobre possibilidades de questão matriz para um mesmo tema gerador é importante perceber que cada questão matriz deve desencadear o tratamento de conhecimentos matemáticos.

Comentário 2: Nas discussões coletivas, é importante perceber as contribuições dos colegas sobre a utilização de diferentes instrumentos de avaliação no trabalho com projetos, analisando diferentes aspectos envolvidos na escolha de cada um dos instrumentos.

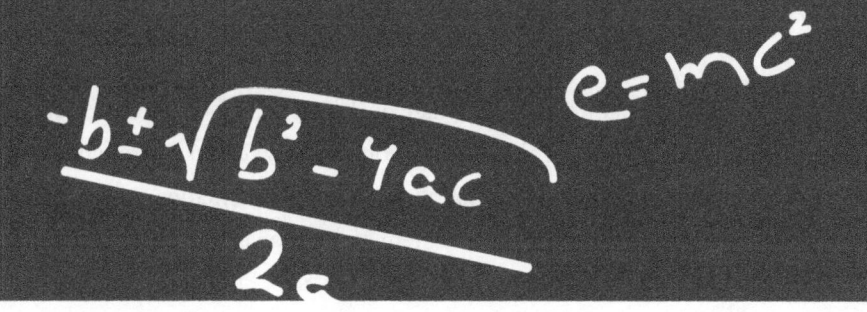

Nota sobre a autora

Flávia Dias Ribeiro nasceu em Maringá, interior do Estado do Paraná. Tem licenciatura em matemática pela Universidade Federal do Paraná (UFPR), mestrado em Educação pela Pontifícia Universidade Católica do Paraná (PUCPR), sendo sua dissertação voltada à formação de professores de matemática. Atualmente é doutoranda em Educação pela Universidade de São Paulo (USP), na linha de pesquisa em Ensino de Ciências e matemática. Entre os anos de 1993 e 2005, atuou como professora de matemática no ensino fundamental e médio e, desde 2001, vem atuando como professora no ensino superior, especialmente nos cursos de Licenciatura em matemática, Pedagogia e Normal Superior. Entre os anos de 2003 e 2005 atuou como professora de Metodologia, Prática de Ensino e Estágio Supervisionado em matemática na UFPR, nos cursos de Licenciatura em matemática e Pedagogia. Atualmente, é professora de Prática de Ensino e Estágio Supervisionado no curso de Licenciatura em matemática nas Faculdades do Brasil (UniBrasil) e junto ao curso de pós-graduação à distância em Metodologia de Ensino de matemática e Física do Centro Universitário Uninter, como docente e assistente de curso. É, também, autora de livros e professora do Centro Interdisciplinar de Formação Continuada de Professores (Cinfop), pela UFPR, e prestadora de serviços como docente e assessora pedagógica em educação matemática em escolas públicas e privadas.

Os papéis utilizados neste livro, certificados por instituições ambientais competentes, são recicláveis, provenientes de fontes renováveis e, portanto, um meio responsável e natural de informação e conhecimento.

FSC
www.fsc.org
MISTO
Papel | Apoiando o manejo florestal responsável
FSC® C103535

Impressão: Reproset